5G大时代

张靖笙◎著

中国友谊出版公司

图书在版编目（CIP）数据

5G大时代 / 张靖笙著. — 北京 : 中国友谊出版公司，2020.7

ISBN 978-7-5057-4918-4

Ⅰ. ①5… Ⅱ. ①张… Ⅲ. ①无线电通信－移动通信－通信技术－普及读物 Ⅳ. ①TN929.5-49

中国版本图书馆CIP数据核字（2020）第096873号

书名 5G大时代

作者 张靖笙

出版 中国友谊出版公司

发行 中国友谊出版公司

经销 新华书店

印刷 三河市冀华印务有限公司

规格 787×1092毫米 16开

14.75印张 148千字

版次 2020年8月第1版

印次 2020年8月第1次印刷

书号 ISBN 978-7-5057-4918-4

定价 45.00元

地址 北京市朝阳区西坝河南里17号楼

邮编 100028

电话 （010）64678009

目 录

| 第三章 |

万物互联下的商业新常态

| 第四章 |

5G+，融合发展无处不在

| 第五章 |

转型，从数字化变革开始

| 第六章 |

世界因5G而不同

| 第七章 |

5G浪潮下的风险与挑战

第一章 5G BIG TIMES

从3G到5G的信息革命

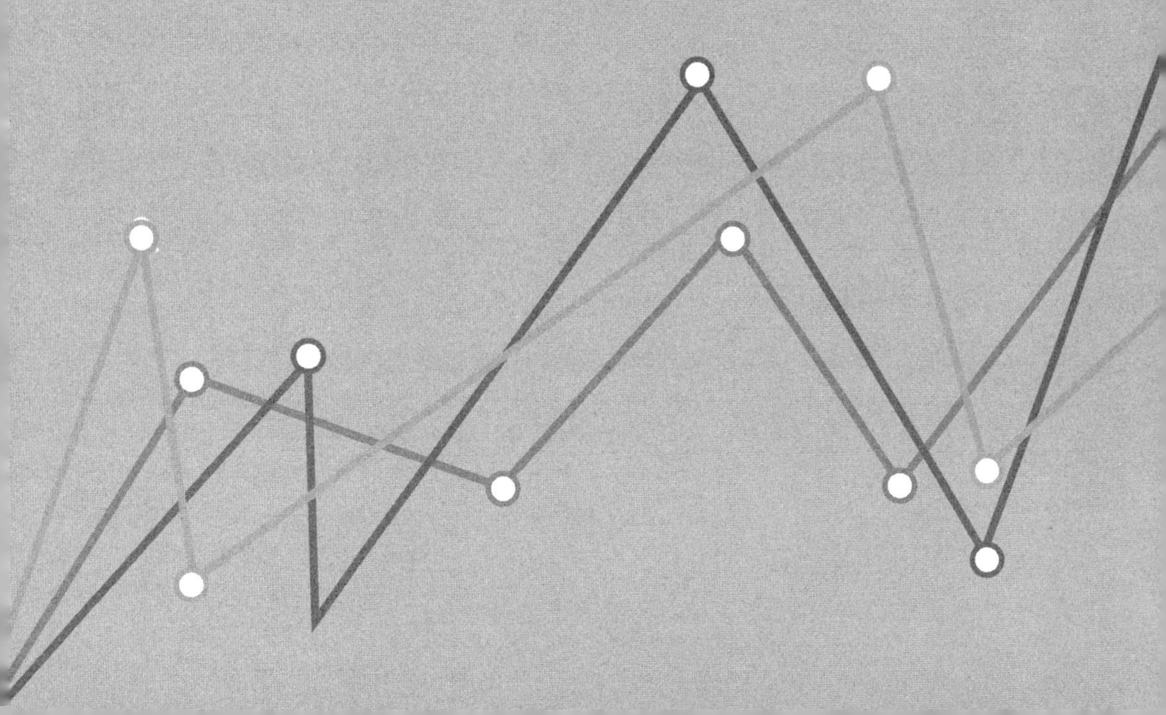

信息技术的发展改变人类

感知和获取信息是生命的本能，所有形式的生命都能感知环境的变化，处理有关信息并做维持生命的行动或者反应。获取与处理信息的能力，与任何生命都息息相关。生命外在的活动表现（“行”）与生命内在的信息处理能力（“识”）互为表里，“行”在客观物理世界，“识”则建构出精神信息空间。因此，信息本质上也离不开对生命活动的理解。

人类是一种明显不同于其他自然生命的物种，人类建构出了可以持续存在而且不断发展的共有信息空间——文化。17—18世纪意大利的哲学家詹巴蒂斯塔·维柯（Giambattista Vico）认为，人类完全不同于其他动物，使人类独一无二的是文化。他在《新科学》一书中指出，人生而具有一种本能的、独特的“诗性的智慧”，指引人类以隐喻、想象的形式对周围环境做出反应。并且他认为，这种“诗性的智慧”是世界各民族最原初、最本原的智慧，这种智慧的特点是对周围环境强烈的感受力和广阔的想象力。

技术是人类社会文明发展的产物，是文化的一部分，而信息技术的产生不但是人类社会文明发展的重大成果，其发展也大大地影响了人类社会的发展进程，不断塑造和改变着人类。要分析信息技术发展的起源，我们不得不回到人类生命活动的核心，就是我们的大脑是如何认知和表达自己对世界的认识的。

人类的认知心理方面有一个非常重要的机制，就是我们对世界的认知和大脑的想象力是不可分割的，甚至可以说，没有想象力就无法拥有更深入的认知。其他高级动物的大脑里也可能存在一定的想象力，而人类非常鲜明的独特之处，是通过大规模社会性的沟通交流呈现各自头脑中的想象，并且用语言和符号作为中介建立了群体间的共有信息空间。虽然很多群居类的动物——例如，蚂蚁、蜜蜂——也存在精密的分工协作现象，但它们的精神世界里是否会交流一些共同想象的事物，我们尚且不得而知，至今没有任何科学证据显示在地球自然界中存在由动物的想象力所输出的有意义的符号，而人类社会，就是因为每个个体基于自身生命历程获取的各种经验和信息，通过想象加工以及与同伴的沟通交流输出，逐步以涂鸦、图腾、语言、文字等符号形式建构出丰富的人类文化体系。这个文化体系对于我们每个人的心灵成长来说，无疑既是历史的，也是现实的。

马克思认为，人的本质是一切社会关系的总和，我们每一个人的一言一行、一举一动都处于这样一个无形的社会信息网络背景之下，而这个社会信息网络的发展毫无疑问是历史性的。显然，维柯的奠基性理论成果表明了文明社会确实是由人类在漫长的历史中创造出来的，人类在创造社会的同时塑造自己，正是在这个意义上，维柯认为人们只能理解他们通过自己的想象力所建构的一切。

人类的信息源于想象，人类社会中传递的所有信息，本质上都是通过人类社会的共同想象建构出来的。由于永恒的人性是不存在的，每一种文化所体现的信息内容也都必须关系到人类的自我创造，而人类是目前唯一可以根据自己的想象创造出自然不存在的事物的生命物种。当然，人类创造新事物的同时也创造了新的信息，人类正是在这种不断的创新和造物之中创造了文化和历史，人类的所有活动都与信息的传播和利用息息相关，而信息处理的内容和方式决定了人类社会的文化形态和文明水平。

从世界观和认识论的角度来看，人类的历史就是一场场信息技术革命演进的历史。人类世界上所有知识体系的学问出发点，毫无例外是要解决宇宙和人生的问题。宇宙是我们所有生命个体所在的一个共同的时空背景，而人生则是每个个体独一无二的生命历程。人生所面对的众多问题，都涉及每个人所处的外部世界和自身内部的精神世界如何沟通与互动的问题。

在人类文明之前，所有生物的生命都依赖于自然界的物理空间，生命对于环境虽然有一些自主性的行为反应，但显然没有形成一个可以独立于物理空间而存在的信息空间，如图1-1所示。

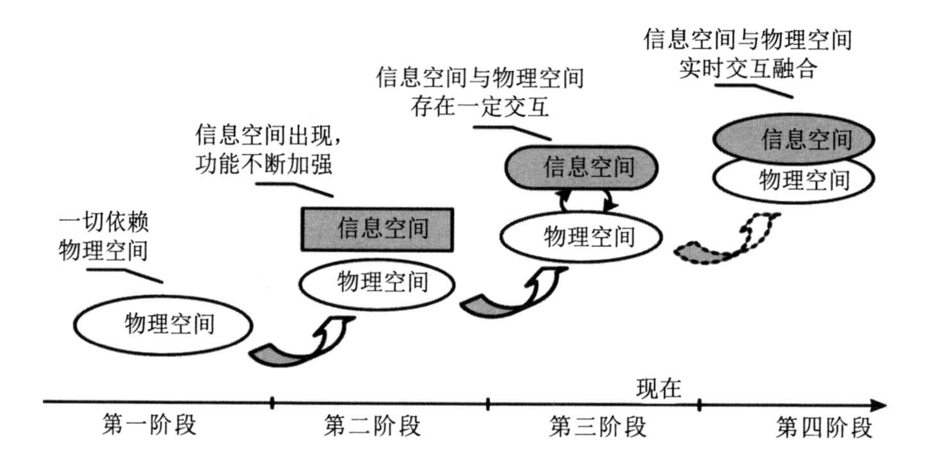

图1-1　信息空间与物理空间交互的四个阶段

随着人类文明的进步，人类逐步建立了一个基于语言符号体系所形成的信息空间，特别是文字被发明出来以后，很多想象力的建构成果——思想——可以从头脑中被输出，并以文字的形式进行传播。文化的本质是人类共同想象建构出来的信息空间，以各种不同的形式呈现，后来随着印刷术、无线电广播、电视、计算机和互联网等一次又一次重大的信息技术发明，人类文明的进步体现在这个信息空间的功能不断加强，对于每个人来说，文化的发展更大地丰富了我们的精神世界，让我们逐步从生理需求、安全需求、社交需求等低层次需求逐步提升到爱与尊重、自我实现等高层次需求。

自进入计算机和互联网技术形成的数字化社会以来，特别是10年前万物互联（Internet of Thing）概念的提出，数字化技术构建了一个可以时刻和物理空间存在一定交互的信息空间，信息空间里面流转的数据也越来越表现出可以翻转过来影响物理空间的巨大作用。从第四次工业革命的追求目标和发展趋势来看，当前各国共同面对的生产力发展瓶颈都集中体现在如何实现物理空间和信息空间的实时交互和进一步融合上，从而建立一个数字世界和物理世界实时交互和融合的数字孪生世界。

当今世界，虽然各国仍然保持着自己的风俗、文化和语言，但是随着计算机科学的普及，人类文明在计算机语言的支撑下建立了全世界通行的统一的信息交换“世界语”，逐步打破了人与人之间、人与物之间、物与物之间信息沟通的障碍，如大家日常所体验到的，无论是中国科学家研究的人脸识别算法，还是美国科学家研究的阿尔法围棋（AlphaGo）算法，通过计算机语言的编程和编译成机器语言之后，它们的程序和数据都可以无任何障碍地被其他国家的学者使用、完善和在其基础上进行再创新。今天数字技术席卷各个国家、各个行业的关键原因是它成为人类真正统一的语言，数字化让不同地域、不同行业背景的人都可以使用由它表达的信息——计算机数据进行直接、及时的沟通交流和认知传承，人类为了和机器对话放下了所有文化分歧和偏见，彻底统一了信息的表达、传输和处理方式，这是互联网和人工智能得以逐步成为人类核心社会活动的基础。

第五代移动通信（5G）是当前具有代表性、引领性的网络信息技术，将实现万物泛在互联、人机深度交互，是支撑实体经济高质量发展的关键信息基础设施。5G有像光纤一样的高速数据传输能力，有适合实时性应用的低延迟，有更多的一致性性能，其巨大的容量可以满足无限多的数据传输需求，服务对象从人与人通信拓展到人与物、物与物通信。它不仅是量的提升，更是质的飞跃，在支撑经济高质量发展中必将发挥更加重要的作用，特别是对于工业领域而言，5G标准的应用是推动数字化转型更快速的机会。

在5G时代，各种各样的物理信息采集将由包括传感器、摄像头、机器人在内的各种智能终端自动进行。这些智能终端在5G的推动下，运算和数据传输的速率会大大提升，各种智能终端都将可以实现随时随地地与云端交互，这使得人工智能会更广泛地应用于制造、医疗、建筑、服务、家庭等领域，真正广阔地应用于社会生产与普通人的生活。

而在另外一方面，人工智能应用越来越多地可以在摆脱人工干预的情况下自动运作，这种完全由数字化信息技术所建构出来的信息空间有摆脱人类独自进化的趋势，这当然会给人类社会带来很多前所未遇的巨大冲击和挑战。霍金甚至对人工智能发出警告，人类自身很有可能成为这种科技发展的牺牲品。而在这个关键的时间点，笔者认为被数据驱动的数字化社会越来越稀缺和重要的反而是人类自身的爱心和想象力。爱心和想象力都离不开天然形成的生命体验能力，我们显然不能用生物算法来描述或者替代这种生命感知和体验的本能。生命的感知和信息处理本能是与生俱来和自洽完满的，人类不具备宇宙造物主的能力，因此也还创造不出有生命特征的数字化智能物种。生命虽然有各种局限性，但是也拥有人工智能无法复制的神圣灵魂。

当我们以扩大到宇宙演进的宏观视角来深一步思考，神奇的量子纠缠现象让关于信息的研究更进一步拓展到宇宙的演化进程，万事万物的普遍联系和因果牵连是根植到量子层面的最基本物质状态，而万事万物在各种能量或力量的作用之下进行有迹可循的轮回往复，仿佛揭示了宇宙的信息具有一定的必然联系的客观属性，那么我们脑海里面所感觉强烈的想象会不会也很有可能是浩瀚的宇宙早已存在的一些影像？我们大胆猜测，信息技术的进步和我们的认知能力的提升应该是相辅相成的，信息与生命的联系如影随形，只有遵循客观世界的自然规律，人类通过对生命更深入的研究和理解找到信息技术发展的必经之路，才是未来人类社会发展的正道。

生命需要信息，文明需要沟通，人类社会已经有百万年的发展历史，伴随着人类进步的就是信息技术的进步。今天我们已经迈入了5G时代，万物互联也好，人工智能、大数据、云计算也罢，我们用来敲响这个时代大门的归根到底还是信息和沟通。通过信息与沟通，我们在改变自己的过程中同时也改变了社会，从而创造了新的历史。

万物互联，5G开启时代新篇章

北京时间2019年6月6日上午，工信部向中国电信、中国移动、中国联通、中国广电发放5G商用牌照。5G商用牌照的发放，标志着中国5G迎来实质性的一步，宣告我国正式进入5G商用元年。

2019年伊始，不论是在工作会议还是生活闲聊中，我们发现几乎人人都开始谈论5G。当然，举世公认5G是一场关联众多领域的产业革命，但更多的人似乎并没有发觉5G的发展其实指向人类社会的重大变革。5G所带动的产业变革既蕴含着千亿乃至万亿的蓝海市场机遇，也蕴含了为所有人提供福祉的公共服务的意义。

由于5G巨大的战略意义，近年来各国围绕5G主导权的竞争日趋激烈，美国为了维护其技术霸权的地位，接二连三地对我国的华为采取打压行为，却帮助我们更加看清了5G对国家发展的决定性作用。如今，在5G时代的起点，中国已经稳稳地坐上了领跑者的头号交椅。

5G是什么？

第五代移动通信网络技术，英语是5th generation mobile networks或5th generation wireless systems、5th-Generation，简称5G或5G技术。和2G、3G、4G一样，5G技术是由一系列的网络协议和技术组成的数字蜂窝网络，在这种网络中。网络服务供应商覆盖的服务区域划分为许多被称为蜂窝的小地理区域。作为网络技术，5G一旦成为标准，就具备了全球通行的权威性，这是世界各国都在竭力争取主导权的根本原因。

在不了解通信技术的普通用户的印象里，5G或许仅意味着“更高移动通信的网速”。但事实上，根据国际电信联盟（ITU）的表述，通信业界将5G的应用划分为三个场景：增强型移动宽带（eMBB）、低功率海量物联网（mMTC）、高可靠低时延（uRLLC）。

5G的“增强型移动宽带”可进一步细分为两种：“广域连续覆盖”和“高容量热点”。前者的特质体现在覆盖范围的广度上，以保障用户的移动性和业务连续性为目标，为用户提供随时随地的高速业务体验。后者则体现在“质量”上。在诸如赛场或音乐会等大型集会中，为用户提供极高的数据传输速率，满足极高的流量密度需求，实现人人都能随处上网，传输高保真。

5G的“低功耗海量物联网”主要面向的是智慧城市、环境监测等以传感和数据采集为目标的应用场景，具有小数据包、低功耗、海量连接等特点。它不仅具备超千亿连接的支持能力，每平方公里可以支持同时100万以上通讯链路的连接密度，还可以保证终端的超低功耗和超低成本。也正是由于低功耗海量物联网的实现，物联网的进程将再一次加快，所谓的“万物互联”终将成为现实。“高可靠低延时”则为汽车/飞行器自动驾驶、远程医疗、工业控制、VR/AR应用等对通信实时可靠性要求极高的智能场景的产生和发展做好了充分的准备。

从3G、4G到5G的发展

要简单理解这些晦涩的通信技术概念，我们可以回忆一下自己近10年的智能手机用户体验。八九年前我们刚开始用智能手机的时候，往往第一反应就是要到处蹭Wi-Fi热点，因为当时的3G实在太慢了，而且流量费高昂。Wi-Fi是无线局域网络协议，而且是免费的，当然上网还是要通过运营商提供的线路，但通过Wi-Fi加局域网共享上网的方式，流量费相对于3G来说可以忽略不计，而且用户体验好多了，唯一的缺点是一个Wi-Fi热点只能在一小片地方使用，而且一般情况下无法漫游（注：实现Wi-Fi漫游需要额外的专门技术）。

移动App的发展和普及对流量的要求更高，特别是那些像微信之类的常用社交App，流量少一点、网速慢一点就难以正常使用，所以对于广大手机用户来说，Wi-Fi简直就是福音。

这几年随着4G的普及和资费套餐的大幅降低，手机用户才逐渐摆脱窘境，不用再想方设法蹭Wi-Fi了。这也使得随时随地拍小视频分享日渐成为一种新的社交时尚，极大地改变了人们的生活方式。我国在4G发展的这几年也刮起了“互联网+”的东风，几年时间涌现了大量的数字化技术创新、商务模式创新，这些数字化创新给老百姓的日常生活带来了巨大改变，成就了我国享誉世界的“新四大发明”。现在恐怕很多人都已经习惯了不带钱包和信用卡，一部手机走天下了，所谓的“4G改变生活”说的正是这样。

5G是在4G的基础上发展起来的，但5G和4G的区别并不是“5G比4G多1G”那么简单，别看数字只是加了一位，带来的变化却是量级的。如果用一句话来总结4G网络和5G网络的差别，我们可以简单地归纳为“4G网络改变了人与人之间的沟通方式，而5G网络则打造了端对端的智能生态系统”。4G让我们的生活节奏变快，而5G或许可以让我们慢下来。以4G网络的带宽和延迟，尚不足以支撑“大资讯”或者“大视频”类似这样的应用，所以产品和产业只能从“短”和“快”的方面入手。基于4G网络限制，App开发商们抓住了一个屡试不爽的逻辑，那就是侵占每一个人的“碎片化”时间，随之而来的弊病就是越来越多的人变得越来越浮躁，没有耐心阅读大段文字，无法静下心来欣赏电影，甚至抵触面对面的沟通，从而形成了大家所说的手机的奴隶或者低头族。

5G网络兴起，或许将迫使那些“微小”概念App退出历史舞台。当用户的手机网速足够快，用户获取“大信息”的成本不断降低时，新技术和新体验就将不断被催生。以VR虚拟现实为代表的沉浸式体验或许将替代手机“豆腐块”般的小屏幕，让深度阅读和深度体验重新回归到用户身上。在未来，随着科技的发展和5G通信技术的加入，我们会发现有越来越多的事情不需要人类自己完成了，那些所谓“碎片化”的时间将会被重新整合成大块的时间，也就是说，5G时代人们极有可能实现过上轻松惬意的“慢”生活的愿望。

在我们的认知经验里，Wi-Fi使我们获得了又快又稳定的免费网络流量，使我们可以在极短的时间内接受各种带有Wi-Fi连接功能的“互联网+”电器，如“互联网+”电视、“互联网+”空调、“互联网+”冰箱、“互联网+”电饭锅，甚至是便宜的“互联网+”电插座。这些可以上网的电器搭配上各种App，发挥出了传统电器没有的智能作用，加上现在智能音箱的配合，我们在家也可以用嘴巴发号施令来控制很多电器的关停了。我们可以把5G看成一个随时随地无限制、无限量使用的私人Wi-Fi，甚至5G的网络比我们自己家的Wi-Fi还要快很多、稳定很多，那么我们通过网络远程控制的物品就可以迈出自己的家门，播撒在更为广阔的物理空间。这些物品不但延伸了我们的感知触觉，也大大伸长了我们的双臂，给我们的生活乃至全社会的方方面面必然带来超出想象的改变。

5G是机遇，更是挑战

我国目前处在5G领域的技术领先地位，除了有华为等领头企业的研发功劳，我国电信运营商持续10多年的大规模光纤通信网建设也功不可没。两年前的春节，我妈妈和弟弟曾到美国纽约和旧金山两地探访亲人，他们回国后最大的吐槽就是在美国上网很不方便，智能手机离开亲戚家里的Wi-Fi，在外面就几乎成无用摆设了。去之前我还计划借他们的手机镜头来一场远程美国深度游，当然也就只能不了了之了。在5G面前，4G迅速成为过去式，为了保证5G网络的服务质量，不仅要解决用户端和移动基站无线接入的问题，更关键的是运营商的核心网络需要进行彻底升级，而我国铺设许久的大规模光纤通信网毫无疑问对于5G商用做好了全方位的准备工作。机会都是留给有准备的人的，从这点来看，我国领跑5G发展是当之无愧的。

进入5G时代，对于我们任何的数字化想象，网络都将不再是瓶颈，这将让全社会每个组织、每个人都迫不及待地把自己身边的一切尽快加上数字化功能且搬上网，因为这样做的好处几乎不言而喻。5G让移动通信网络变成像空气中的氧气一样，对于我们的各种数字化装备的信息传递不可缺少却又近乎免费敞开供应，人类的生理、物理局限将在各种数字化装备的配合下被打破。而横亘在人类面前众多难以解决的智能问题，由于数字化社会生活留下的大数据资源而变成可以用计算机来解决的数据问题——机器智能（等同于常说的人工智能）很可能就轻而易举地被解决，机器智能的发展使得计算机在越来越多的领域超过了人类，5G可以让我们把诸多问题都丢给云计算来立刻求得解决。任何一个简单的物品，只要它是可以联网的，都会成为某个智能应用场景的一个有机组成部分，而且远远超越之前的功能和用途，所以我们今天讲人工智能，已经不需要再幻想那种笨拙地模仿人类行为举止的人形机器了，借助空气般无所不在的5G网络，我们随心所欲地享受各种人工智能应用就会像呼吸那么简单。

诚如某业内人士所说："4G更多的是技术创新、商务模式创新，但5G是生态构建。4G像修路，5G是要造城。我们要把一个生态构建起来，去赋能各行各业。" 而笔者认为，"4G改变生活，5G改变世界"，所有的改变都必然依赖一个共同的资源，就是大数据。如果说4G实现了人人互联，人人互联时代积累下来的社交大数据已经造就了BATJ（百度、阿里、腾讯、京东的英文名称首字母）等互联网巨头，那么5G意味着万物互联。人类社会所能触及的所有事物都可以转换成大数据而加入智能经济的生态循环，能造就怎样的新财富机会和形式超越我们当下的想象力，所以网络协议只是注解，万物数字化互联才是根本。

而当前最迫切的是，我们要赶紧改变自己的思维，使之更好地适应5G时代万物互联的需求，释放更多的想象力，这样才不至于错失5G时代将给我们带来的巨大机遇。

第二章 5G BIG TIMES

5G，重新定义未来

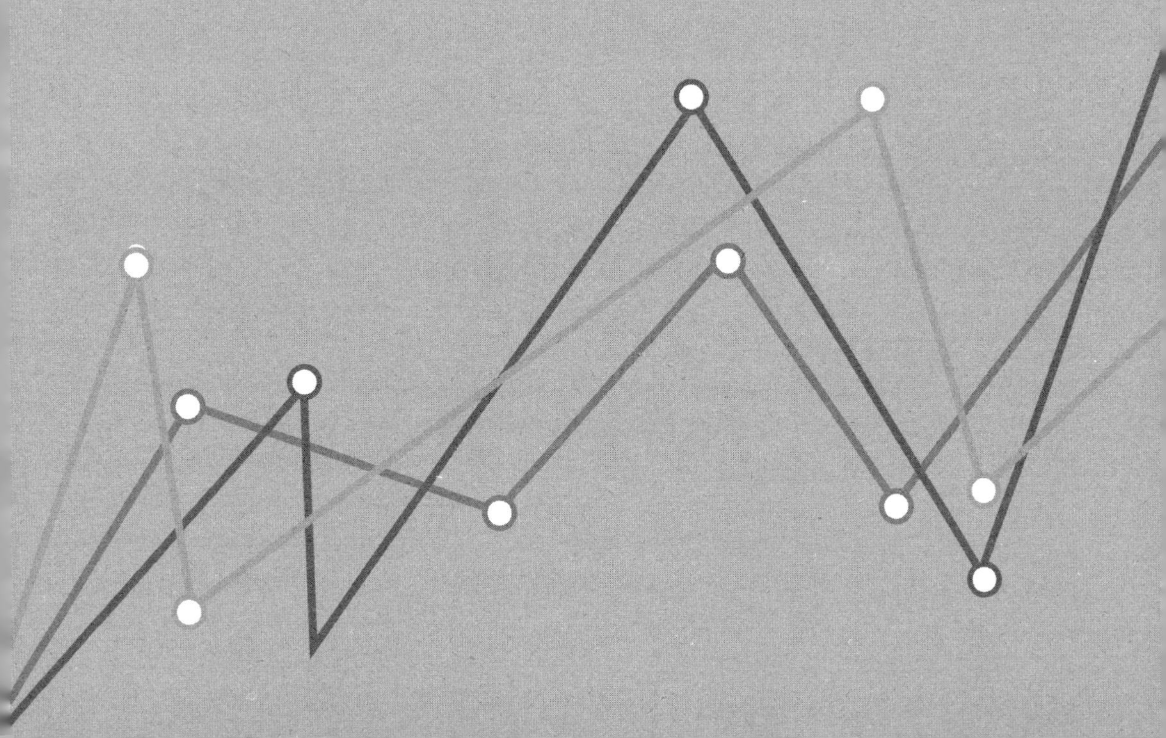

全球智能化革命的关键

智能化革命的必然要求

随着新一代信息技术（物联网、大数据、云计算、移动互联网、人工智能等）在工业中不断融合应用于产品的全生命周期，具有自感知、自学习、自决策、自执行、自适应等属性的智能产品和智能制造模式与系统不断涌现。智能化是当前全球工业转型升级的必然方向，这已经得到了广泛的认同。

数字时代大预言家凯文·凯利在《必然》中明确指出："很难想象有什么事物会像廉价、强大、无处不在的人工智能那样拥有'改变一切'的力量。""把机敏的头脑置入普通事物之中才能带来真正的颠覆。"这两句描述非常贴切地指出了当前工业转型升级的本质，"廉价、强大、无处不在的人工智能"将拥有"改变一切”的革命性力量，而这种人工智能的力量已经强大到在倒逼工业的生产关系做出改变，值此全球新工业革命之时，我们可以从“廉价、强大、无处不在”三个方面分析智能化时代的必然要求。

在理想的情况下，人工智能不仅仅是廉价的，更高的目标还应该是免费的。事实上，免费的人工智能才能更好地满足商业和科学的需求，并且很快就能自给自足，自我成长，这样的人工智能不可能诞生在独立的超级计算机上，而是出现在互联网这个由上百亿个电脑芯片组成的超级组织中。和传统人工智能依靠精巧和深奥的算法相比，当前新一代的人工智能技术完全是从不断积累的大数据“经验”中，通过不断的深度学习而拥有越来越出色的认知和思维能力。而在互联网里面，流量成本决定人工智能是否能够轻松获取日益增长的大数据资源而生存下去，所以人工智能的未来必然是以一种网络服务的形态存在——廉价、可靠、工业级的数字智能将在一切人类社会中的制品（smart work-in-progress，SW）或者工件（smart part）背后运行，根据用户的需求提供对应水平的智能服务，就像一个多世纪前的电力所做的那样。理论上所有能通电的物品都可以嵌入一些人工智能技术，从而被赋予一定的认知能力，这样人类社会中许许多多司空见惯的制品和工件都将焕发出前所未有的生机和活力，不但会变得新奇、有趣和独特，还能因此而强化个体以及全体人类的能力。它既能激发无限想象力的新需求，又能释放无限创造力的新供给，所以这种免费的人工智能将具有消融一切传统关系势力的渗透力，迅速获得全球性广泛的支持而风生水起。今天，免费而强大的互联网商业模式的威力还没有退潮，免费而强大的人工智能威力已经在很多地方若隐若现。

然后就是“无所不在”，在笔者看来，这四个字恰恰揭露的是智能能真正发挥作用的本质要求。长久以来，受限于人类的认知能力和信息处理能力，我们都把智能看成一种非常难能可贵的特质，“聪明”几乎就是不会引来任何非议的褒奖。而如果我们放在一个生命系统的整个生态循环体系来看，生命如果不“聪明”，是无法“适者生存”的。从自然生态环境演化的角度来看，自然也一直在“聪明”地淘汰很多不合时宜的事物。因此，智能不应该是人类特有的能力，反而是人类有效认知和顺应自然规律后，通过社会化的知识建构所呈现出来的文化现象——智能在人类社会是人对自然规律的理解和应用，我们从文化现象的角度来理解“人工智能”就能更贴切地理解“无所不在”这四个字的本质要求。因为宇宙万事万物是普遍联系的，人类社会所有关系都是互相交织的，宇宙和人类社会中都没有可以独立存在的现象和个体，所有呈现出来的现象和个体背后都有无数的因素相互作用和一个无限发展变化的背景，所以人工智能技术手段也不可能只是独立地存在于少数现象与个体之中。人工智能之所以能发展成一种现象，其发展也必然要回归到万物互相关联、相互依存的存在大道，敝帚自珍只能很快被更新的技术手段所取代。

简单总结一下，网络化的智能服务将在所有人类社会的制品和工件背后运作，这是智能化革命的必然方向，而“廉价、强大、无处不在”将是所有人工智能应用场景的必然要求。

5G是智能化革命的关键使能器

当人们在将焦点聚集在人工智能上面时，不能忽略5G网络在人工智能未来发展中所起到的重要作用。恰恰是对人工智能“廉价、强大、无处不在”的要求，让5G成为智能化革命的关键使能器。

首先是技术层面，5G对于人工智能的发展和应用是不可或缺的。现在的人工智能都是数据驱动的，对大数据的采集规模拥有无限“贪婪”的本能。4G在满足人人互联上虽然已经做得很出色了，但还并不能完美地支持大量的设备都加入人工智能的巨大数据流量需求，这无疑给很多需要“无处不在”的人工智能应用带来了巨大的数据流量瓶颈。数据采集规模大了，4G的性能容量难以负荷，必然导致网络堵车，实时性则无法保证；而为了实现实时性，数据采集密度和范围只能做必要的压缩，对于很多人工智能应用来说，这又无疑等于削足适履，只能发挥有限的智能或者有条件地发挥智能，形成一个两难的局面。和传统的通信技术相比，5G在容量、能耗、性能、平滑接入性等方面均将有巨大的提高，因此，“无处不在”的人工智能带来的巨大数据流量需求需要得到5G有效的支撑。

其次是观念层面。5G不但是通信技术的巨大进步，5G所呼唤的万物互联也应该带来生产组织观念上的巨大变革。通过技术获取大量的数据已经不再有很高的门槛，而满足社会化、个性化、柔性化、服务化、智能化的新工业革命要求，归根结底还是要依靠组织文化和观念的更新，更融合的互联是为了更密切的协作，基于数据的协作关键要解决的还是信任的问题，人工智能的加入对于信息的真实与可靠性要求就更高了。如何更好地实现物理世界与信息世界的交互和融合，是全球智能化革命必须解决的问题。数据孪生（Digital Twin）通过设计工具、仿真工具、物联网、虚拟现实等各种数字化的手段，将物理空间中各种生产力要素对象的各种属性映射到虚拟空间中，形成可拆解、可复制、可转移、可修改、可删除、可重复操作的数字镜像，而物理对象和数字镜像之间必须保持实时的信息交互才能达到数据孪生的要求和效果。数据孪生必然是5G物联网时代的一个重要场景应用，唯有数据孪生，才能彻底解决信息的真实性和可靠性问题。

最后是经济层面。英特尔中国研究院院长宋继强指出："AI和5G是两场技术变革的历史性机遇。"宋继强认为AI不是加5G，而是乘，在他看来，目前4G其实并不能完美地支持大量的设备都去用人工智能，而"5G × AI"会给我们带来颠覆性的改变。5G具有高带宽、低延迟又可控经济成本的特点，伴随越来越多的智能设备接入到互联网，更多的智能场景就可以在大量智能设备的协同下应需组合并实现。我们可以想象，好的创新想法在5G时代必然如鱼得水、左右逢源，只要把现在已经比较可用而且又便宜的数字化或者智能技术有效地用在一些场景里面，让现实中的商业客户看到收益，很可能直接催生新的商业模式，这将进一步奠定数字化的经济基础，倒逼更多的企业必须完成数字化改造。

5G的提出和发展，本身就是处于工业智能化转型升级的历史发展潮流背景之中，推动5G和人工智能技术发展的，归根结底还是人类文明的进步。5G是全球智能化革命的关键，顺之者昌，逆之者亡。而对于每个企业来说，当下更为关键的，还是做出符合自己发展需要的数字化转型。

5G颠覆人类认识世界的方式

正如恩格斯所言，“每一个时代的理论思维，都是一种历史的产物”。作为数字化变革的关键使能器，5G毫无疑问将大大加速数字化变革的速度。无论思维变革是推动还是适应时代变革，数字化变革都必须依靠思维变革，所以5G将颠覆人类认识世界的方式，而这个颠覆离不开5G推动万物互联的信息空间，将很大可能与物理空间高度融合为一个数字孪生世界。

数据孪生以数字化的方式建立物理实体（physical entity）的多维、多时空尺度、多学科、多物理量的动态虚拟实体（virtual entity）模型，来仿真和刻画物理实体在真实环境中的属性、行为、规则等状态。与传统数字化技术相比，数据孪生更加强调以信息物理数据的融合来实现信息空间与物理空间的实时交互、一致性和同步性，从而提供更加实时、有效、精准、智能的数字化应用服务，以更好地支撑对物理实体的各种操作和活动。数字孪生作为5G衍生应用，加速了物联网的成型和物联网设备数字化，这与5G三大场景之一的万物互联需求强耦合。此外，数字孪生还是5G推动工业互联网发展的助燃剂，5G时代数字孪生不可或缺。为了更有效地推动我国广大政府机构和企业组织的数字化转型工作，除了要加快数字孪生技术在各领域和各行业的进一步落地应用，有必要把数字孪生上升到数字时代认识论的角度加以研究和推广，这样能从思想认识上加快数字化转型工作。

5G为什么会颠覆人类认识世界的方式呢？我们要分析这个问题，就绕不开对认知心理学、教育心理学、脑科学等关于思维本质的研究，还要结合对人类思维本质的认识分析5G会带来哪些影响，这些是数字化转型乃至于人工智能的科学基础。

作为研究思维本质的学术根基，认识论是研究人类认识的本质及其发展过程的理论，亦称知识论。研究人类自我和外部世界、外在经验和内在经验、感性和理性的关系是认识论研究探讨的主要问题，除此之外还提出了如何寻找绝对可靠的知识的任务。人的认知过程具体包括注意、感知、记忆、想象、分析、综合、抽象、概括、判断、推理等心理操作而形成的思维过程。心理学家与哲学家都认为“思维”是人脑经过长期进化而形成的一种特有机能，并把它定义为“人脑对客观事物的本质属性和事物之间内在联系的规律性所做出的概括与间接的反映”。任何思维过程（不管是何种形式的思维过程）都离不开四个要素：思维加工对象（思维的材料）、思维加工的手段或方法（如分析、综合、抽象、概括、判断、推理、想象等）、思维加工缓存区（也叫“工作记忆”，用于暂存思维加工对象及加工结果）和思维加工机制。人类的思维，不仅可以将当前感知事物的具体形象作为思维材料，还可以使用可以脱离当前的具体事物而独立存在的思维材料。在此基础上，人类可以通过进一步的思维加工，得到比当前感知更加深入的预测性感知和判断能力，仅仅利用当前感知事物的具体形象来思维，就不可能进行这一类更高级的思维加工，这是人类认知向智力迈进的关键性一步。

人类完全不同于其他动物，使人类独一无二的是文化，这关乎人类的思维进化。

文化在人类社会的传承和发展中逐渐形成，诚如马克思对人的定义，“人的本质是一切社会关系的总和”，社会关系是由人类个体间传播可以共同理解的思维材料而形成的。形成文化的基础是人与人之间沟通传递一些共同的思维材料，个体经验融合成为历史经验，文化让人类成为独一无二的物种，而数据和符号是文化得以传播、传承的物质基础和社会基础。这里笔者想强调的是，不可忽视数据符号在每个人思维进步中所扮演的催化剂作用。维柯在其出版的著作《新科学》中所描述的这种“原始”人对世界本能的、独特的“诗性的智慧”的反应，应该就是人类经过几百万年进化形成的群体间通过符号化沟通交流“思维材料”的能力。动物之间可能也有语言能力，而只有人类进化到把“思维材料”通过涂鸦或者描绘成数据符号的方式进行思维跨时空沟通交流，这种能力是其他动物所不具备的。符号化可以让头脑中“思维材料”物化输出，更加长期和稳定地保留下来，不断变化的物质世界由于“思维材料”的符号固化而培育出人类社会公共认知的集体意识，因此逐步建构成富有意义而且可以承载无限自由想象力的人类精神世界，这是文化得以形成的物质基础，所以，人类历史涉及文化的传承和发展过程，同时也是人类思维自我创造的过程。

在这个分析基础上，我们可以大致对于人类思维进化过程做出如下描述：人类社会有各社会成员共享的数据符号系统（如语言等）；每个人对自己的感觉经验进行思维加工，在头脑中借助语言等符号系统与其他社会成员传达自己建构的思想成果，如果被其他社会成员中的大部分人所接受，则思维成果获得公共认可且成为一种可靠的知识表达，从而很有必要通过记录成数据符号以便于更广泛地传播和传承；人类社会成员在社会化活动中不断交往和交流各自的思想成果，新的知识被符号化表述后不断地建构和传播……从认知的角度来看，数据符号首先是人类社会历史文化的产物，其次是推动人类文明发展的媒介和纽带，所有涉及数据的问题，我们都可以从文化的层面、从人类认知和思维发展规律中找到源头。对于群体而言，数据是不断建构社会关系文明大厦的砖块，对于个体而言，是不断建构内心精神世界的工具，可以说，正是以数据符号为中介所形成的认知方式，让人类具有了独特的智慧能力。

我们接下来分析一下人类智能具体是怎么发挥作用的，这就离不开信念在思维中的作用。人工智能的杰出开拓者——尼尔斯·J.尼尔森（Nils J. Nilsson）教授在其《理解信念：人工智能的科学理解》一书中指出，我们的信念组成了我们对世界认知的一大部分。信念构成了我们描述我们生活之世界的一种方式。我们还用数学方程（比如$E=mc^2$）、各种现象的计算机模拟（比如天气）、地图以及故事等方式。这一切的总和构成了解释现实的模型，一个可以触及的现实本身的替代——基于信念的认知结构。我们必须据此行事，因为我们无法直接认识现实；现实在我们认知结构的另一面。尽管我们很容易想象信念里的对象、性质和关系作为现实的部分而实际存在，但它们只是我们进行模型陈述或者解释现实的元件而已，我们可以理解和接受的实际上是一种“虚拟现实”。物理学家戴维·多伊奇（David Deutsch）说过：“现实就在那里：客观、物质并且独立于我们所相信的一切。但我们从未直接地体验那个现实。我们外在经历的全部都属于虚拟现实。而且我们知识的全部——包括我们关于逻辑、数学和哲学，以及想象力、小说、艺术和幻觉等非物质世界的知识，都被编码为程序，用来在我们大脑的虚拟现实发生器上描绘这些世界……因此，不仅是推理物质世界的科学涉及虚拟世界，所有推理、所有思维和所有外在经验都具有虚拟现实的性质。”

于是，即便我们思维中的虚拟现实不是现实本身，也可以让我们感觉很真实而形成信念。下面是我们体会置身于虚拟现实的一种方式：想象自己是一名驾驶巨型喷气客机正在穿云飞行的飞行员，飞机之外，用自己的眼睛看，什么也看不见，必须依靠仪表盘来获取飞机的位置、速度和周围地形的关系。当然，飞机实实在在地在真实世界中飞行，但飞行员所知的一切就是由飞机的仪表、显示器和各种传感器构成的反馈机制表示的虚拟现实。这个虚拟现实不是现实本身，仅是描述现实的一个模型。如果这不是一个好的模型，则飞机可能会有失速、燃料耗尽甚至撞上山头的危险。我们都处在与这个飞行员类似的处境。我们的模型类似于仪表盘的读表和显示器，我们的信念是这些模型的重要部件，如果我们的信念出现了问题，那么就像这架飞机的仪表出现了问题，很容易给飞行带来灾难性的后果。因此关于信念要说的最重要的一件事，就是它们是（或至少应该是）暂时的和可变的。这是我们的思维要与时俱进的基本原则。

从某种意义上说，每个人都是依据信念决定行动的，我们只需要明白5G会给我们带来怎样的信念冲击，就能明了5G将会怎样影响我们的思维和行为。当进入5G时代，万事万物所产生的信息皆可被数据化且及时通过5G传播出去，因此，物理世界的万事万物和人类社会的一切关系皆可以用互联网的大数据来表征，并留下数据镜像，5G可以帮助人类用大数据所建构的虚拟世界无限接近物理世界，所以通过5G传播过来的数据将大大扩充我们只能依靠自身的感知觉所获取的信息范围和时效，从而极大地丰富我们对世界的感知内容，也将再次彻底改变人类认知和理解世界的方式，给我们的世界观、价值观、认识论、方法论带来深刻的变革。

5G形成的数字孪生世界能解放人类想象力是毋庸置疑的，而同时，5G也必然带来人工智能的快速发展。人工智能技术让机器具备了一定的认知和思维能力，数字化可以看成人类思维升级的一种革命性方式，前文所描述的人脑中虚拟现实的模型，正以数据模型和算法的形态运行在各种智能机器的CPU里面，并和人类伙伴开展积极的互动。

在5G的协助下，万事万物在发展变化过程中产生的各项信息在合适的采集手段的配合下形成数字化的数据，让人类建构的信息世界和真实的物理世界形成一对孪生兄弟一样的平行世界，人类的思维将可以在虚实这两个相互平行的世界里面自由翱翔，数字孪生强调虚拟实体对物理实体的高度“写实”、忠实映射，这个理念背后也体现了实事求是的世界观和方法论，我们可以把数字孪生理解为人类在新时代更加高效地格物致知和实事求是的新方式。数字孪生这种新技术手段的出现，使我们可以从传统的物理实体扩展到虚拟实体；数字孪生的虚拟实体对物理实体全生命周期的数据积累，使我们几乎可以毫不费力地认识到物理实体的完整信息。我们可以这样想象，数字孪生的虚拟实体就仿佛给人提供了一面拥有五眼六通神奇观测能力的“数字魔镜”，借助这面魔镜，物理实体一切状态和变化趋势都很清楚明白。从另外一个方向看，当然我们也就能更好地让虚拟世界预测和控制物理实体按我们的意愿去改变，人类的想象也能通过数字化更好地影响物理世界，指导人类更好地利用自然和改造自然。虽然泛在的5G网络可以让越来越多的事物加上人工智能技术而实现无人干预的自主动作，数据驱动下的人工智能已经逐步具备了自我成长、自我进化的“独立生存”能力，但笔者还是坚定地认为，数据本质上是人类思维输出和协作的产物，没有可以脱离人类思维用途而自我存在的数据。没有人类就没有文化，而没有文化环境，数据也就失去了存在的意义和根据。

当然，5G时代的发展需要靠大家的共同建设，这面数字魔镜不可能凭空从天上掉下来。对于每一个组织来说，组织所面对的任何一个物理实体或者生产力要素，背后都会有各种关系影响其属性、行为、规则等状态。为了建构这面神奇的魔镜，我们就很有必要把数字孪生从方法论上升到认识论来指导组织数字化转型的各项工作。因为人类是一种思维决定行为的智慧生物，怎么看影响怎么干，如果我们仅仅把数据孪生技术看成一种工具手段，那也只能达到技术层面上的助益，而只有我们把数字孪生与实事求是、知行合一的价值追求结合起来，那么万物互联打造数字孪生理念才能像空气一样弥漫在组织数字化转型的道路上，进而使一切皆可数据化的意识从改变组织文化的角度真正影响到每一位组织成员的心灵，让大家在共同的物理信息融合数据空间中自发合作打磨出这样一面魔镜。

由此我们可以想象，5G将推动人类以更数字化的方式与世界互动：

一方面是人类头脑中的信念体系和认知结构或迟或早要从亲身感知、眼见为实的原子（物质）依赖逐步过渡到让数据说话的比特依赖，特别是企业组织在5G时代数字化变革所实现的新生产关系和生产方式高度依赖网络数据流动驱动下的社会化大协同，若不相信这些数据还怎么能高效协同？

另一方面是今天当我们头脑中的信念也需要考虑用机器可以理解的数字形态来体现，对于数据能及时全面反映客观现实的写实性有极高的要求，否则数据的关联认可就会丧失其现实基础，实事求是的第一步要先让关于用户和生产组织、要素和各项活动的数据都真实可信，这既是一项很复杂的技术问题，又是很艰难的组织结构和文化变革工作。

5G是非常关键的信息技术进步，5G推动的数字化革命也必然带来人类认识水平的进步，所谓的思维颠覆也必须是建立在进步的意义上，人类认识世界的方式必须基于科学合理的认知方法和认知理论的指导，否则进步是一句空话，甚至错误的防线会带来动乱和退步。

人工智能的普惠

人工智能技术被视为一次伟大的技术革新，简而言之，其技术魅力在于能够赋予机器像人类一样“思考”的能力。实现人工智能的技术屏障分别在于“计算”和“通信”两大核心模块。而笔者认为，纵然5G的好处有千条万条，而最核心、最重要的只有一条，就是大大加速和推动第四次工业革命的人工智能应用发展，让人工智能更加普惠。

人类对人工智能的想象和向往是早而有之的了，回溯20世纪60年代，有一部今天看也不过时的科幻电影《2001太空漫游》（*2001: A Space Odyssey*），由斯坦利·库布里克执导，根据科幻小说家亚瑟·克拉克的作品改编，于1968年上映。这部电影里面很多关于计算机的镜头正在一步一步成为当今司空见惯的现实，比如平板电脑，比如飞船里能和人类对话甚至斗智斗勇的超级计算机HAL。

一般来说，我们都认为驱动AI各种表现背后的算法是无意识的，但最近央视热播的综艺节目《机智过人》里面的不少AI系统却表现出了人类情感。我们在电视里面看到棋无对手的AlphaGo、知识渊博的Waston、善解人意的小爱、一步成诗的小冰、稳健敏捷的无人车等，它们表现出了在特定方面打败人类对手强大的学习和思考能力，观众在感受AI科技神奇的同时也被屏幕中的一个个真实的故事打动了。的确，大数据所驱动的无意识的AI算法在很多特定的工作场合已经表现得比有意识的人类还要好，而在具体应用中，没有通信手段的支撑，这些人工智能成果都无法成为惠及老百姓日常生活中的应用场景。

通信技术具有基础性的特点，因此它的任何微小进步带来的影响都是巨大的。而天然具备大带宽、低延时、广连接场景特性的5G技术定将为我们的世界带来革命性的变化。做个比较简单的比喻，5G就像铺好自来水管网络，让AI成为自来水一样的普惠服务并提供给各行各业和广大的人民群众，真正造福整个人类社会，这才是5G最大的好处和价值。

再进一步分析，5G会让AI成为自来水有两方面的含义。一方面是5G将大大推动人工智能发展，另一方面是只有AI应用才能极大地激发对5G的需求。这正如有自来水管道网络才有自来水，而自来水管道网络也只有流淌自来水，才能发挥作用一样。

首先，我们要明白为什么5G对于AI是必需的。AI和水一样对人类社会有巨大作用是不言而喻的，今天AI无论是在大数据还是技术产品上，都已经不存在难以逾越的瓶颈。而如何能在人类社会全方位应用起来，解决当前人类社会的政治、经济、生活的难点、痛点、堵点问题，是AI在推动全社会变革中大显身手的舞台，也是AI成为推动人类文明整体进步的历史使命。人工智能的概念已经提出来60多年了，但真正的突破却是在4G带来大数据的今天。大数据本身真正引起科技行业的注意，也仅仅是10年前的事情，然后在短短的几年里，AI应用就借智能手机井喷式喷发了，并且让人工智能水平有了本质的提高。对于AI的发展，业界已经普遍有了关于“奇点”的共识，“奇点”什么时候来到虽然还未有定论，但是终归不会太久远。5G在这个时间点，就是要解决AI所急需的大数据管道问题了。为什么要搞5G？因为全球数字化让几乎每一个使用电的设备都可以拥有属于自己的“电脑”，只要设备在使用过程中，这些“电脑”就一直在产生数据，这些数据蕴含了大量有价值的信息。比如一个功能非常简单的照明台灯，如果装上了“电脑”，就可以随时采集到反映主人用灯习惯信息和用电数据，可以如实地反映主人什么时候会开灯和需要多亮、什么时候关灯休息，等等。随着数据的积累，套用成熟的AI算法琢磨出主人的用灯习惯，并增加一些贴心的智能反应技术，现在已经很简单了。但是，问题是这些用电设备的“电脑”的容量非常有限，让这么小的“电脑”来运行满足人工智能深度学习所依赖的复杂算法无疑是天方夜谭，而如果这些有“电脑”的用电设备也上5G了，那么只要是有电的设备，就能接上在云里面的智慧大脑，电器作为神经末梢一样时时刻刻向这个真正的人工智慧大脑反馈各种感知觉神经信息，供大脑做出分析和判断并下指令采取合适的行动。这样的大数据AI应用场景，4G是难以负荷的，只能把希望寄托在5G身上。5G将大大降低众多大数据AI应用的经济成本和技术门槛，大大提升大数据和人工智能的应用适用面。

其次，要明白5G为何被提出，其中很重要的一个原因就是要解决4G没有解决的AI万物互联的大数据交换需求，虽然5G相对于4G在用户体验上有更激动人心的提升，但这只是表层的区别，5G未来的应用市场更多的是会发展出4G所没有的新市场，这样才能更好地释放5G的潜能。对目前4G支持的大量智能手机App来说，用户体验也已经做得很不错了，我们需要思考：如果仅仅是用5G来提升4G应用的用户体验，仅仅沉浸在以4G、5G之间的测速比较做宣传推广，沉浸在长江后浪推前浪的换代营销套路里面，5G能发挥出来的价值能有多大？除非5G的资费比4G明显大幅降低，而且5G手机价格已经和4G手机持平或者更低，否则估计大多数消费者和笔者一样，认为4G能用就撑着用吧，等到5G便宜下来再说吧，这样的消费观望心态对于5G商用发展是很不利的。所以笔者的结论是，5G在未来的应用重点不是在淘汰4G的市场，而是发展出4G所没有的新市场，唯有支持自来水一样供应的大数据AI应用是5G所长而4G所不能的领域，而且这个领域可以造就出一片几十万亿美元的新蓝海。

综上所述，“5G+AI”是人类社会数字化发展所形成的一个必然的科技发展潮流，而笔者提出的“5G让AI成为自来水”的观点除了响应了时代宏观发展的必然潮流，也融合了微观企业和个人进步的落地考虑。我们要坚信，未来的AI用起来就像今天的自来水一样方便，技术上肯定不是问题，问题是我们如何采用大数据和AI技术来解决日常工作和生活中大量存在的难点、痛点、堵点问题，从而提升我们在工作与生活中对数字科技实实在在的获得感。从微观的角度看，5G无疑是一个重大机遇，倒逼我们每个政府机构和企事业单位、每个人重新审视自身发展，思考如何利用大数据和AI技术有效解决自身发展中普遍存在的思维认知障碍和创新能力不足的问题。

5G会让AI成为自来水，水利万物而不争，但水能载舟，亦能覆舟，如果我们不能善加利用，被5G带来的AI所淘汰也不足为奇。

万物互联与数字经济

我们把万物互联看成5G时代的新常态，是因为5G具有高速率、大容量、低功耗、低延时等显著优势，能在社会生活的每一个角落构建起一张“泛在网”，并渗透到每一个行业。信息通信将从4G的人人互联走向人物互联和万物互联，世界前所未有地紧密相连。

对于5G来说，实现万物互联已经不存在技术上的瓶颈了，5G可以完美地实现移动互联网和物联网的融合。作为5G的广大用户，我们不需要知道技术上怎么做，直接享受5G网络的通信服务就是了，其实我们更关心的是，到底为什么我们要参与万物互联？这个问题对于不同的人应该有不同的答案，但这些答案有两个共同的背景。

第一个背景是宇宙。我们都处于一个统一的宇宙物理空间之中，我们所接触的、认知的、互动的万事万物在这个宇宙之中都是相互依存和互相影响的，万事万物都是互相依靠而生存，没有可以独立存在和保持自体不变的事物。人类所面对和要解决的所有问题都在这个统一的宇宙空间之中，作为一个拥有自主思维能力的生命物种，我们对事物的认知决定了我们的决策和行为，所以，推动我们参与万物互联背后有我们更好地认知世界的内在成长动力，当然，这也是所有信息技术的动力。

第二个背景是人类社会。5G作为一种革命性的技术，其发展动机肯定不可能只停留在哲学层面的认识论上。技术作为一种生产力要素，往大了说要造福人类，往小了说要满足消费者的需求。人的本质是一切社会关系的总和，人类的社会性塑造了我们每一个人，也决定了我们每一个人的生存方式。经济基础决定上层建筑，经济基础也决定了我们每个人的生存状态。而5G的基础就是人类社会发展到今天的数字经济，今天我们的数字经济将从万物互联之中实现巨大的社会价值和商业价值。

根据中国信息通信研究院发布的报告，中国的5G商用或将在2020—2025年爆发，5G可带动经济总产出10.6万亿元人民币的直接增长及24.8万亿元的间接增长，直接创造超过300万个就业岗位。因此，5G技术所产生的社会价值与商用价值是并驾齐驱的，5G对于数字经济的重要性是不言而喻的。同时，我们更应该认识到，5G本身也是数字经济发展的产物，5G所发挥的巨大作用，恰恰也是数字经济发展的时代要求。

什么是数字经济？如何理解数字经济的内涵和本质？数字经济指一个经济系统。在这个系统中，数字技术被广泛使用并由此带来了整个经济环境和经济活动的根本变化。数字经济也是一个信息和商务活动都数字化的全新的社会政治和经济系统。数字经济的本质在于信息化，信息化是由计算机与互联网等生产工具的革命所引起的工业经济转向信息经济的一种社会经济过程。数字经济受到以下三大定律的支配：

第一个定律是梅特卡夫法则，即网络的价值等于其节点数的平方。

第二个定律是摩尔定律，即计算机硅芯片的处理能力每18个月就翻一番，而价格以减半数下降。

第三个定律是达维多定律，即进入市场的第一代产品能够自动获得50%的市场份额，实际上达维多定律体现的是网络经济中的马太效应。

这三大定律决定了数字经济具有与传统商品经济完全不同的发展规律和基本特征。对于目前大多数中国企业来说，数字经济还是一个比较陌生的新常态和新环境，笔者在咨询工作中也发现，现在阻碍大多数企业组织启动数字化转型的并不是什么技术上的门槛，反而是组织成员头脑里根深蒂固的工业经济中的传统观念，我们要准确把握数字经济的基本规律，温故而知新，回顾并与传统工业经济做比较不失为一个比较容易的方法。

毫无疑问，传统工业经济是基于物理时空和物质资源而开展的财富生产活动，工业经济的出发点也是追求用最高的生产效率生产出满足消费者各项物质需求或者感官需求的商品而获得物质财富，以更大规模地消耗物质资源换取生产更大批量的商品和物质财富，这几乎成为在工业经济中企业生存和发展的金科玉律。第一次工业革命以来的200多年时间里，人类的物质消费水平得到了巨大的提升。我们可以比较一下当今社会的一个普通城市家庭和工业革命前的皇室贵族，排除那些体现权力、地位的成分，前者物质消费的多样性、便利性和易获得性等很多方面已经远远超越了后者，事实上现在大多数普通人已经在物质方面享受了200年前的“皇室生活”。可是，今天如此丰富的物质享受却并没有给人们普遍带来更高的幸福感和获得感，反而产生了严重的环境和社会问题。因此，传统工业以大量消耗物质资源来创造财富、换取经济增长的方式已经难以为继，相对于物理时空中有限的物质资源，传统工业经济环境中无节制地开发攫取物质资源的经济活动，已经逐渐达到了物理环境容量难以承受的上限，这种经济发展方式已经不可以持续了。

产品在本质上具有双重性，既有物理的属性，也有信息的属性。虽然只从物理方面考虑产品并没有错，但对物理资源的使用先天是低效的。从20世纪70年代石油危机开始，随着信息技术的发展，通过信息的使用大大降低物理成本已经成为全球产业经济增长的发展方向。所以，我们今天分析数字经济的本质，不能仅仅看到数字技术给整个经济环境和经济活动带来的变化，还应该看到传统工业经济发展方式已经走到了尽头，推动数字技术在经济环境和活动中的广泛应用，恰恰是社会经济发展规律发挥了作用。从这个层面再理解数字经济的内涵和本质，数字只是注解，经济才是核心。

从经济角度看商品生产，诚如大水漫灌不见得能让地里的农作物长得更好，大量消耗物质资源存在严重浪费也不见得能生产出好产品，所以精准是当下生产力发展的普遍要求。做到精准，才能在单位能耗和物质成本中获取更多的效益，精益的理念让信息资源取代那些被浪费掉的物质资源成为生产过程中的刚需。

同样从经济角度看商业的源头——消费需求。以前生产力还不够发达的时候是稀缺经济环境，供不应求的供求关系中，消费者对产品生产也没有太大的话语权。可今天的物质生产力水平已经进入了丰饶经济环境，消费者有了更充分的选择权和话语权，对于产品提出了更多、更新鲜的体验要求，产品仅仅具有物质层面的功能是远远不够的了。产品创新更多强调的是信息属性，这逐渐成为产品持续创新的基础和前提。

从精益和创新两个维度，我们都可以看到信息处理能力已经成为未来企业组织在产业经济中获得生存权的入场券。“缺少数字资源，无以谈产业，缺少数据思维，无以言未来”，这绝对不是概念炒作，我们甚至可以说，缺乏数据基因的企业组织将必然在新经济时代中像历史上的恐龙一样种族灭绝。

最近，中美贸易摩擦愈演愈烈，美国打压中国发展的战略意图已经毫不掩饰，而其中美国对华为下的重手可以让我们越来越清晰地看到，5G主导权的争夺绝对是一场针对数字经济制高点的“战役”，事关双方的战略全局，谁都无法承受丢掉这块阵地的代价。通过这次较量，从美国如何出手、我国政府和企业如何还手中，我们可以窥见一些5G时代数据经济的竞争态势和竞争手段。

在数字经济大行其道的今天，信息科技是毫无争议的制高点。自20世纪70年代石油危机以来，美国依赖其在信息科技发展上遥遥领先的领导地位，不但保住了美元的世界货币地位，还依次完胜了当时的竞争对手——苏联、欧盟和日本，在20世纪90年代克林顿总统任期内成为独步天下的唯一超级大国。那些神话般存在的美国信息科技公司，不但快速积累了富可敌国的巨大财富，对全世界的影响力也不亚于各国政府，而美国总统还抛出“美国吃亏论”。光美国苹果公司一家，几年前还为了其1000多亿美元的利润如何分配而幸福地“烦恼”，这1000多亿美元放在全世界看，比大多数国家一年的财政收入都高了吧？为什么别的国家就不能“吃亏”吃出这么个宝贝公司呢？所以我们必须把美国政府和美国，特别是美国的企业区分开，从当前美国政府使用各种手段针对华为这件事来看，他们确实着急了，华为的存在与发展已经挑战了他们的核心利益。

为什么美国政府这么害怕华为进一步发展？因为美国政府深知数字经济的竞争法则，美国政府刚对华为“亮剑”没几天，最令全世界感到不安的却是IEEE（Institute of Electrical and Electronics Engineers）随后的表现。过去神坛一般存在的IEEE是一个美国的电子技术与信息科学工程师的协会，也是目前世界上最大的非营利性专业技术学会。IEEE直接配合美国政府对华为围堵，一些国际同行和学者直呼“惊掉了下巴”。在全球经济、科技、文化交流日益密切的背景下，IEEE在电气及电子工程、计算机、通信等领域发表的技术文献占到全球同类文献的30%。不少科学家正是基于对这一国际权威学术组织的信任和认可，一路追随，不断贡献智慧与方案。IEEE今天之成就，亦与世界各国一流科学家的广泛深入参与密不可分。IEEE的做法显然突破了“科学无国界”的底线。原来我们一直信奉“科学无国界”，是因为过去我们的IT一直都在美国这个“信息科技如来佛”的手掌心里面翻跟斗，自第三次工业革命以来，大型计算机、局域网、硬盘、PC（个人计算机）、操作系统、数据库、Wi-Fi、智能手机、1G/2G/3G/4G等层出不穷，美国数字化产品每一次换代发布都被购买者奉为福音，我国的数字化原住民无不是I记（IBM的拥趸）、Win匪（微软视窗的铁杆）、果粉

（苹果公司的粉丝）、谷歌粉丝等美国公司粉丝中的一员。这些美国科技品牌深深地融入到了我们的日常工作和生活之中，我们对这些公司和品牌感到熟悉和亲切，而这次他们都突然无情地翻脸了，因为之前我国IT再“折腾”，在美国IT大玩家们的眼里，也不过是在人家制定好标准与规则的“数字五指山”下过日子，翻不了风浪，当然更不能“大闹天宫”了。

而这次在5G方面，华为却彻底遥遥领先了。随着全球各国即将拉开建设5G网络的大幕，无论是技术上还是市场上，采取正常竞争手段的美国IT大玩家们都已经没有丝毫翻盘的机会了，而且华为的特殊之处是其不仅将成为5G时代不可撼动的网络权威专家，在消费端（2C）和企业数字化（2B）这两方面也将全面进取、互相配合。一家集合了Intel、AT&T、IBM与苹果等美国公司业务于一体的数字基础设施中国大玩家将独步全球无敌手，这样一来，新的数字五指山的主客双方将彻底换位，这是美国政府无法容忍的，更是以IEEE为代表的美国数字科技巨头无法接受的。所以，从这方面的分析我们可以看到，中美大博弈不能仅归咎为美国个别政客的意气用事，这是两个大国在数字经济时代不可避免的长期交锋，如果谁落败了，谁就很可能在5G及后面的数字经济时代失去标准制定的主导权。美国肯定不能容忍别人对其主导权的挑战，而中国也不会容忍别国的限制和操纵，这是核心利益之争。与之相比，其他的经济矛盾皆为小事了。

竞争是不可避免的了，如何胜出才是关键。我们从中国政府和企业当前的一些反击手法可以看出，在数字经济时代展开竞争的一些非常有效和有用的法则，这里面既有体现中华传统文化博大精深的智慧，也有灵活务实的策略，甚至可以提炼为指导广大中国企业在数字竞争中生存和发展的指导思想。

首先就是“得道多助，失道寡助”。这次中国政府和企业完美地表现了这句中国古训，我们可以从两方面理解“道”这个概念。首先是不以人的主观意志为转移的客观规律，多边合作、人类命运共同体是数字经济时代的必然规律，不是任何国家、任何势力可以阻挡的浩浩荡荡的时代潮流。中国政府的表现不但尊重了这个历史发展规律，还呼应了全世界各国人民对美好生活的共同追求，当然会得到广泛的理解和支持。

其次是一家难独大，寡不敌众。美国不可否认也还是一个伟大的国家，放眼全球，以一国之力在众多领域保持领先地位和发挥不可替代的影响力，这本身是美国发展巨大的战略优势。可是美国不去解决自身发展的结构性矛盾，而是想利用其领先地位和在当今世界的巨大影响力保持一家独大。笔者十几年前曾在澳门做了几年的银行数据仓库项目，在澳门当地和来回澳门的长途车上也听闻不少赌经。其中一条是，赌场的庄家根本无须搞什么出千之类的小动作，因为他们成为赢家是大概率事件。对于任何一个小玩家，参与赌博活动的结局无非有两个，要么是赢了就走，要么是输干净本钱了不得不走。而由于庄家和小玩家在本钱上的巨大差异，小玩家根本不可能有赢尽庄家所有本钱的概率和运气，很多小玩家由于无法控制自己内心的贪欲，最后落得个倾家荡产才不得不离场。所以，赌博规则对于双方可以是完全公平的，而从战略胜负概率的层面来看是不平等的，小玩家一次赢得再多，对于庄家来说也是暂时的微小损失而已，只要他们下次还来，庄家从长远来看都是不会亏的。而今天美国在坐庄的情况下，却为了一己之私连连抛弃当初自己制定的规则，那就等于赌场的庄家自己出老千，只能逼迫所有小玩家都联合起来反对他。

我们从这次华为事件可以更加深切地感受到战略的重要性，不管是个人、家庭、企业乃至国家，都要做最好的准备，做最坏的打算。居安思危才能遇难成祥，因为中美关系已经进入了一个我们不能再对矛盾冲突大而化之的时候了。这是美国自身发展的结构性矛盾造成的。虽然美国也涌现过很多优秀的战略家，他们的远见卓识造就了美国曾经的伟大，可是进入21世纪以来，我们看到美国由于故步自封，发展逐步陷入了战略迷茫，对自身发展的结构性矛盾视而不见，还妄图让全世界其他国家和人民当他们各种严重透支的接盘侠，这不能不说由于其战略近视而把自己推到黔驴技穷的地步。恰恰是在近10年的4G通信争夺战中，美国公司间由于自身私利的窝里斗，造成了美国主导WIMAX标准的分裂，中欧联手打造TDD和FDD标准后来居上，这明显就是战略近视造成的恶果，它为大量的中国企业也敲响了警钟。在党和政府的领导下，中国进入了前所未遇大发展的新时代，中国市场是巨大的发展红利。可笔者看到大量的中国企业却处于“八仙过海，各显神通”的初级管理水平，对企业发展战略忽视甚至漠视，很多企业领导人自以为尊、自以为是，也不愿意抽时间参与学习和培训，对于数字化的发展潮流还抱着“事不关己，高高挂起”的鸵鸟态度。别说经历中美贸易摩擦、美国打压这样的大风浪，市场的任何风吹草动都会让企业陷入困境中，痛苦地挣扎。在我们这个让市场起决定性作用的大国，只有中国企业强大起来，中国才能真正强大起来。如果企业领导者还是习惯性地渴望各级党和政府的阳光、雨露和保护，那么就永远无法在国际化的市场竞争中强大起来。而这次华为的表现无疑是可圈可点的，华为的优势当然有很多，包括市场、机制、组织与人才，等等。笔者在10年前曾经作为服务供应商贴身服务过其总部，根据了解和观察，笔者觉得华为最大的底气还是凭借其战略谋划和战略实施能力积累下来的发展家底。

在竞争中决定胜负的因素当然还有很多，可是我们看到，即使数字经济涌现了再多的新常态，一些很基本的常识也是无法被颠覆的。我们今天的企业家要掌握数字经济的制胜法则，在竞争中结合自身企业发展实际制定出数字化战略和转型方法，才能有立于不败之地的格局和基础。

第三章 5G BIG TIMES

万物互联下的商业新常态

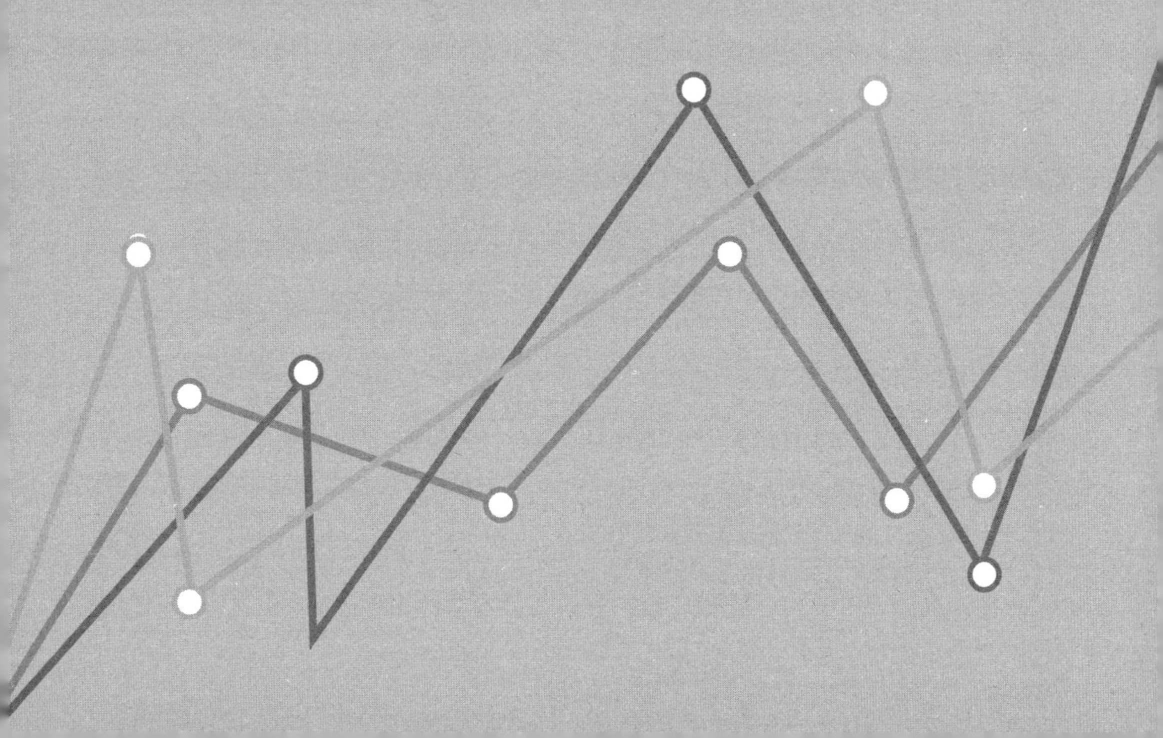

数字经济营商环境分析

信息技术已经成为推动全球产业变革的核心力量，发展数字经济也是促进经济转型升级的必经路径。2019年伊始，全国各地一致将“营商环境”首选为发力重点，《2019年国务院政府工作报告》更是着重强调“激发市场主体活力，优化营商环境”，明确“营商环境”为2019年政府工作的重中之重。今天我们谈“激发市场主体活力”，离开了数字经济的时代背景则无从谈起，而且在促进经济活动的数字化方面，“数字化营商环境”成为“优化营商环境”工作的重中之重。

我们当前优化营商环境不能违背数字经济的规律办事，所以必须先对其基本规律进行全面和深入的理解，如笔者前面的文章所分析的，数字经济受到梅特卡夫法则、摩尔定律、达维多定律三大定律的支配。这三大定律决定了数字经济具有与传统商品经济完全不同的发展规律和基本特征，今天我们要“激发市场主体活力，优化营商环境”就必须遵循数字经济的基本规律。而这三大定律所描述的是宏观经济层面的法则，所有在数字经济中的市场主体，当然都要受到这些法则的影响，但其自身面对的大部分问题都是微观层面的组织问题，一般来说不足以影响整个“营商环境”，“优化营商环境”毫无疑问是政府才有能力完成的任务。所谓营商环境，无非就是连接供给侧和消费侧的产业发展环境，除了市场对资源的配置手段，政府也发挥供需对接之间非常重要的调节作用，特别是在当前这个经济转型升级的关键时刻，政府正承担着领航者和引路人的角色。

首先，要通过数字化手段大大降低当前营商环境中的时间成本和物理成本，很多能通过信息化办的事情就不要靠人的手脚去办了，能够电子化流程搞定的事情就不要浪费大量的纸张来回流转批示了，“放管服”不是经济活动中不要政府或者政府最好什么都别干了，而是通过消除、打破原来物理政府给市场主体在经济环境和经济活动中造成的麻烦及限制，用数字政府再造政务流程，推动深化改革，提高行政效率，降低行政成本，释放出更多的行政资源来为人民群众和企业办大事、办好事。

其次，数字经济在需求侧已经随互联网的普及成为新常态了，而在供给侧的转型之路才刚刚开始。当前一个非常严峻的现实是，中国企业在互联网面前却恰恰是缺乏数据基因的，当前大量的中国企业连工业3.0时代的两化融合工作都还没做好，却被“互联网+”新常态生生地推向了智能制造的“战场”。基因改造犹如脱胎换骨，如果政府不在产业扶持上主动作为，绝大部分的中国企业很可能迈不过“互联网+”这个门槛，会被大数据海洋淹死。

最关键的是，政府开放手上大量的人口、法人、地理、环境等基础库数据，会从根本上提高供给侧的市场主体对消费侧的需求认知能力，新的认知必然带来新的营商思路和方法，而且政府数据在法律上有比较强的公信力，用政府开放的大数据来激发市场主体活力理论上是大有可为的。

5G是当前具有代表性、引领性的网络信息技术，将实现万物泛在互联、人机深度交互，是支撑实体经济高质量发展的关键信息基础设施。党中央高度重视5G发展，中央经济工作会议提出加快5G商用步伐。2019年6月6日，工业和信息化部正式发放了5个5G商用牌照，这预示着我国5G网络建设与应用发展将进一步加速。

当前，我国经济正由高速增长阶段转向高质量发展阶段，处于转变发展方式、优化经济结构、转换增长动力的攻关期，亟须发挥网络信息技术覆盖面广、渗透性强、带动作用明显的优势，推动经济发展质量变革、效率变革、动力变革。我们要紧紧抓住5G发展的重要机遇，利用好大国大市场的规模优势，加快5G商用部署，全面推动5G与实体经济深度融合，促进实体经济高质量发展。

与4G相比，5G应用场景从移动互联网拓展到工业互联网、车联网、物联网等更多领域，能够支撑更大范围、更深层次的数字化转型。

政府如何利用好5G推动各行各业的“数字化革命”，充分发挥政府在顶层规划、政策保障、标准规范、统筹协调方面的引导作用，以更加包容的态度、更加宽松的环境、更加积极的政策，引导市场资源参与“数字政府”的建设与运营，构建开放合作、协同发展的产业生态，将成为全国各级政府优化营商环境落地行动计划中不可缺少的环节。

我们从这个角度来理解政府要使“数字化营商环境”成为“优化营商环境”工作的重中之重就顺理成章了。数字政府建设其实也是在优化营商环境工作中对广大企业的数字化转型最好的“传帮带”。

传播：数字政府的发展就是中国数字经济发展最好的风向标，中国政府对企业有非常大的影响力。营商环境要以人民为中心，而人民的意志也集中体现在政府的改革洪流之中，数字政府建设让广大企业看到政府对变革鲜明而彻底的态度，必然掀起企业数字化转型新高潮，这是中国国情决定的。

帮助：由于大量的自然环境和社会化大数据资源都只有政府部门才有能力和权力完成采集，企业仅凭一己之力去搜集这些数据是不太可能的。如果政府不开放这些公共数据资源，企业在数字经济中转型升级也会遇到巧妇难为无米之炊的数据困境，反过来说，政府的数字化改革红利无疑将给处于转型困境中的企业带来雪中送炭的帮助。

带领：企业在日常生产经营中还是有非常多的事务要和政府相关职能部门交互的，这些事情将来都要通过数字化的方式来办理，必然会推动企业自身组织管理数字化发展，配套才能跟上；当政府数字化，必然也带领企业尽快完成数字化转型。

由此，我们可以得出结论，数字个人、数字政府、数字企业作为数字经济营商环境中的“三剑客”，需要与时俱进、携手共进才能推动我国第四次工业革命在全球产业变革中突围而出。今天在数字经济潮流面前，个人已经走到了前头，政府正尽快跟上，企业当然也不能落伍。

5G推动企业数字化升级

5G的显著优势是将在社会生活的每一个角落构建起一张“泛在网”，并渗透到每一个行业，诚如工信部部长苗圩所言：“5G支撑应用场景由移动互联网向移动物联网拓展，将构建起高速、移动、安全、泛在的新一代信息基础设施。与此同时，5G将加速许多行业和社会生活数字化转型。”随着5G这一新一代信息基础设施的构筑，今天的企业如果不迅速把所有组织的资源和运营数字化，在网络所掀起的数字经济大潮中将没有存在的商业价值。

数字化的强大威力可以上溯到2010—2011年，就是4G时代智能手机开始流行的年份，当然大数据的概念也是2011年被产业界正式提出来的。随着智能手机的普及和应用，很多信息技术的最新成果可以通过App的方式直接推送到个人用户手上，今天非常多的手机App已经用到了先进的大数据和人工智能技术。自2010年以来，智能手机第一次颠覆性地让消费者个人对信息技术的应用领先于大部分的传统企业，这意味着传统企业里大量的存量信息系统在很短的时间内被不断涌现的各种智能手机App应用背后的技术所赶超，甚至是颠覆。这八九年的时间因此所发生的一系列连锁反应，从各方面促使消费侧用户端应用新信息技术直接向供给侧企业端提出全新的产品和服务要求，这也颠覆了很多行业。企业端必须考虑如何直接面对消费端这些新的产品和服务要求，同时还要考虑通过应用一些新信息技术手段，改变传统产品从企业端交付到消费用户端的商业运作模式，持续满足用户对新产品和服务的新体验要求，才能抵抗伴随互联网蜂拥而来的新旧竞争者对自身传统业务优势的冲击和挑战。

从这个角度我们就能很好地理解为什么企业需要如此迫切地进行数字化转型，并且明确数字化转型要做什么了。任何企业进行数字化转型都意味着两方面的任务，一方面是企业能够在自己的产品和服务上应用全新的信息技术，否则就会在技术上落后于包括众多互联网企业在内的竞争对手；另外一方面，相比于企业，用户更容易保持在新技术应用上的领先地位。从这个角度来看，传统企业的数字化转型更意味着要持续地改变自身的运作模式，从商业模式、管理模式、资本模式和思维模式等方面变得对新技术本身有更高的灵敏度，变得能更快地吸收和接受这些新技术，并且更加迅速地应用，把这些技术转化成企业自身的生产力。因此，数字化转型也意味着企业需要切换到全新的战略，企业需要在商业模式、管理模式、资本模式和思维模式等方面转换到一个全新的大数据价值链合作体系和生态系统，同时代表了全新的生产关系和重新定义企业组织形态的可能性。

从变革的角度来看，企业组织的数字化转型绝对不仅是建不建IT系统、加不加互联网、上不上云（计算）这些投资信息技术层面的考量，而是要从生产力发展的角度重构自身的生产关系和组织方式，需要思维模式、商业模式、资本模式、管理模式和组织模式彻底转换。如果说未来所有的企业都会成为互联网企业，互联网思维首先应该成为所有企业家的营商思想，那么其中的大数据思维更应该成为组织变革的指南。顺应大数据成为生产力中最活跃的因素。这个数字经济时代潮流，企业组织的数字化转型必须彻底以数据为中心，以数据关系决定生产关系，以数据资源重构资本模式，以数据流动设计组织流程，以数据文化指导员工行为，以数据图谱设计整个企业架构和指导运营，这恰恰才是数字化组织最应该迈出的第一步。

当然，企业现实中面对了大量具体的复杂利益、人事关系的牵绊，都不可能把原来的生意全部清理干净后在一夜之间脱胎换骨和另起炉灶，这是今天广大企业家参与大数据革命最痛苦的地方，虽然不想成为被温水煮死的青蛙，但目前的困境又难以迅速跳脱，组织变革牵一发而动全身，知易行难。

转型不易，但并非不能，在全球变局中，危与机总是共生并存，我国也仍处于并长期处于重要战略机遇期。众多国内外标杆企业在百花齐放的数字化转型战略之中的转型方法和路径不约而同地表现出了一致性：从管理系统与研发、生产、供应链、营销系统的精益化出发，以消除信息不对称和改善运营绩效为方向，逐步运用数字化工具和平台消灭堵点、消除痛点、克服难点，并不断积累数字化的业务场景和数据模型，不断融入智能技术和装备，在不断优化中提升生产力和改善生产关系，逐步形成足以支撑经营战略和商业策略展开全业务流数字化发展方向，这已经成为当今全球领先企业转型升级的标准模式。这一模式也同样适用于中小企业，是实现质量卓越、效率提高和创新发展的最优方式。

5G是数字化革命的关键使能器，而数字化转型是今天所有企业面对大数据革命的必经之路，只要有路，就不怕路远！

万物互联促使企业思维迭代

未来的10年，只有我们想不到的，没有世界上做不到的。不管我们持什么立场或者态度，伴随着5G的万物互联时代都必然要到来，而我们所持的态度或者立场，却有可能在这个时代展现不同的前途和命运，因为不管对于谁来说，万物互联都是不容忽视的挑战和机遇。

此时此刻，可能大家都会关心万物互联会带来哪些风险和挑战，又会带来怎么样的机遇。关于机遇，业界的分析已经有很多，几乎是众口一词，都是充满各种美好的想象，之前笔者也写了不少，而挑战和风险才是更加急切要企业认真思考的问题。5G是数字革命的关键使能器，万物互联也是数字革命的必然结果，数字经济是一个全新的商业生态环境。在此生态环境中，企业没有数据基因根本无法生存，这非常符合自然界适者生存、不适者淘汰的进化法则，所以，当前所有企业最大的风险和挑战已经深入到企业的组织基因里面。早在1995年，美国学者尼古拉斯·尼葛洛庞帝（Nicholas Negroponte）就提出了“数字化生存”的概念，而遍观今天中国的企业界，还有众多在温水里畅游的青蛙，它们并没有感受到数字经济已经把原来的生存环境彻底改变而难以生存。

企业家如何让自己的企业具备适应未来生存的组织基因，首先要解决的还是思维层面的问题。互联网时代需要互联网思维，很多人对互联网思维还没有吃透，忽然之间，5G就来了。5G将通过互联网和物联网的融合实现万物互联。从上一波互联网革命来看，很多企业和人因为没有互联网思维而失去了竞争优势，把舞台让给了有这样思维的玩家。而今天5G要实现的万物互联并不是简单的“4G+1G”或者“互联网++”，所以，很有必要在万物互联时代的起点重新审视互联网思维，并且与时俱进地提出适合万物互联时代的新思维。

我们可以先回顾互联网思维，比较流行和系统的互联网思维有四个核心观点（用户至上、体验为王、免费的商业模式、颠覆式创新），以及九大思维（用户思维、简约思维、极致思维、迭代思维、流量思维、社会化思维、大数据思维、平台思维、跨界思维），笔者归结为“大众通过互联网联合促使企业快速更新商业逻辑”的时代议题，互联网商业逻辑有六大特征要求：大数据、零距离、趋透明、慧分享、便操作、惠众生。这些特征要求放到传统的大工业时代，几乎难以得到传统企业家和经济学家的接受，甚至连公认的企业战略大师迈克尔·波特在2001年公开发表的文章《互联网与战略》中也旗帜鲜明地指出：“互联网业务的许多先行者，无论是网络公司还是传统公司，它们的竞争方式几乎都违背了战略的方方面面。”但事实上，互联网确确实实完成了平民（传统经济中默默无闻的大多数消费者用户）对商业话语权的逆袭，促使传统企业做出一百八十度的改变。工业文明时代的经济学是一种稀缺经济学，而互联网时代则是丰饶经济学。根据梅特卡夫法则与摩尔定律等理论，互联网的三大基础要件——带宽、存储、服务器，都将无限指向免费。在互联网经济中，企业垄断生产、销售以及传播将不再可能。平心而论，这种互联网经济对于绝大部分传统企业的数字化升级要求的确会带来阶段性阵痛，绝大多数的传统企业也缺乏实现向“互联网+”转型的资本和条件，感受到的只能是生意越来越难做了。

笔者也是五六年前深入学习和思考了互联网思维，才把自己的职业重心慢慢从企业信息化的小数据池塘，转到互联网大数据的海洋之中，并经历了一场自我思维的“大数据革命”。互联网对传统商业的颠覆已经是事实，今天这个时间点互联网思维也已经失去启发和指导的先机，而在笔者看来，万物互联不失为广大传统企业跳过互联网思维实现翻盘的好机会，所以在这个时间点，提出和形成新的万物互联思维是非常有长远意义和现实价值的。

笔者提出的万物互联思维也有四个核心观点——共生至上、智能为王、共享的商业模式、融合创新。

共生至上。用户至上源于互联网时代实现的人人互联，体现了大众通过人人互联实现的买方商业话语权，而5G实现万物互联，人人互联已经从主流退居到20%的位置，用户至上在万物互联就有些牵强了。事实上，在5G网络里面，大家都是数据用户，也是数据生产者，所形成的是数字经济中共生的社会关系，所以共生至上比较吻合万物互联时代的要求。

智能为王。第四次工业革命是全人类共识的时代发展潮流，5G的发展也没有离开这个时代背景。我们可以把万物互联看成真正迈入第四次工业革命全球所追求的智能化时代的大门，放在这个大的历史发展规律中看，对万物互联时代提出智能为王代替互联网思维的体验为王是与时俱进的。一方面，现在用户体验要求越来越指向智能化；另一方面，没有智能也不会有持续的用户体验改进。

共享的商业模式。不管社会发展到什么程度，笔者也不相信“无限免费”可以作为商业的逻辑或者模式，这违反最基本的商业常识。如果整个社会都是没有付出地索取，生产力再发达的经济基础也靠不住，所以“无限免费”是不可持续的。这几年涌现的共享经济的观点也逐步成为互联网商业模式的主流认识，而5G的到来让可以共享的资源更加广泛，共享方式更加便利，共享的手段更加多样，共享的回报更加明显，所以万物互联时代应该是一个更加共享的营商环境。

融合创新。创新是不能停步的，可是一直以颠覆的方式来创新恐怕不可持续。互联网对传统经济的颠覆也持续近20年了，今天我们看到可以颠覆的基本也颠覆了，再以颠覆作为创新的途径也越来越牵强了，5G会不会带来一些颠覆式的创新呢？笔者认为，当然还是会有的。在历史上，一项技术带动整个社会变革的事情通常遵循一个模式，即“新技术+原有产业=新产业”。如果说之前的“互联网+”需要颠覆式创新是由于买卖双方的商业主导权的易位，那么万物互联是一个共生至上的时代，万物互联时代的创新也是各种生产力要素和生产关系多方融合的，包括产消融合、虚实融合、跨界融合、技术融合等，融合必然是万物互联的创新主流。

在这四个核心观点的基础上，我们也需要重新梳理当前流行的互联网九大思维（业界也称为互联网思维独孤九剑）。互联网这九大思维是从用户思维出发，基本上是一个以互联网用户体验为中心引导商业变革的思维体系，用来指导广大传统企业的数字化变革，难以生搬硬套。为了适应万物互联时代的发展潮流，应该从兼顾广大传统企业数字化变革的角度提出万物互联新思维体系，笔者在这里整理了下面几个思维：

1.产消融合思维：万物互联时代的数字化生产过程会有消费者（用户）的大量参与和贡献，而且将来产品在使用过程中也会激发用户更多的创新热情，在用户的引导下升级和更新而不断成为新的产品方案（包括数据），这些创造性活动的成果也将扩大产品的受益群体和商业价值，从而成为数字经济增值的一种常见的形式。

2.共享经济思维：在产消融合的基础上，万物互联时代生产的商业动机越来越基于共享经济的需求，并且更加开放和要求广泛协同，所以参与商业活动不再只是为了交易买卖，而是为了协作生产，共同增值。

3.服务增值思维：共享经济中资源的所有权已经逐渐失去意义，从共享车到共享房子，我们无须拥有这些车或者房的产权也可以享用。5G成就的万物互联，让可以共享的资源更广泛，在此基础上，一次性产品交易的买卖回报将被持续的服务增值产生的持续收益所替代，“一锤子买卖”“干票大的”这些想法在万物互联时代由于信息的可回溯性越来越强而难有容身之地，很可能将来连在火车站卖茶叶蛋的也需要回头客了。

4.持续升级思维：在服务增值的基础上，将来产品没有所谓彻底完工的状态，所有产品的使用过程都是一个不断升级、持续加工的过程。由于用户将持续创造性地使用产品，产品的使用过程也成为产品融合创新活动不可缺少的一部分。

5.万物联网思维：万物互联时代联网功能对于所有产品都是标配，将来所有的产品都是联网的，通过联网来实现服务的交付和持续的升级，而且产品的很多功能也需要有网络才能实现。

6.万物智能思维：因为万物联网，将来所有产品都可以随时根据需要调用网络上丰富的知识和信息资源，所以所有产品都将融入一定的认知和智能能力，也就是具备认知环境状态和做出恰当反应的能力。

7.共产共赢思维：随着网络实现所有生产资源的连接和共享使用，数据作为一种共产共赢的生产力核心要素和新生产关系的载体的双重角色日益凸显；同时，由于消费的过程也是生产的过程，所以创造性劳动成了人类的第一需要，相信在数字技术的帮助下，共产主义运动将在万物互联时代以更加符合人类命运共同体和平发展要求的形式进行。

看一个产业有没有潜力要看它离互联网有多远。5G很快会让互联网像空气一样全面包裹所有的产业和市场主体，乃至于所有人类社会里面构成生产力要素最基础的制品和工件，所以我们与万物互联网的距离已经不再是问题了。最大的问题是，在万物互联集结号已经吹响的今天，我们真的准备好了吗？

第四章 5G BIG TIMES

5G+，融合发展无处不在

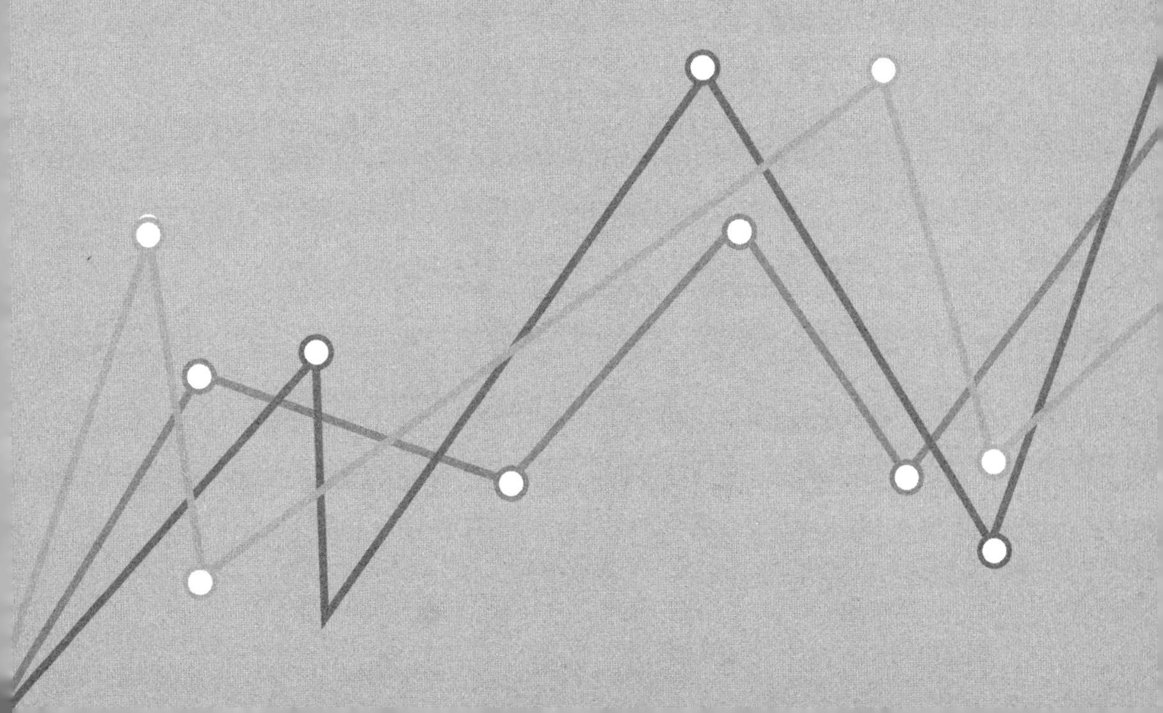

5G时代的数字政府

我们说5G时代是一个人工智能大行其道的时代，5G让人工智能应用变成自来水一样赋能各行各业，让大数据驱动的人工智能应用迅速改造人类经济躯体的每一个细胞，从而让传统经济通过融合数字化手段向智慧经济全面转型。政府一方面作为经济基础之上重要的上层建筑，另外一方面也是传统经济市场主体（企业、个人和政府）的重要组成部分，所以，政府在5G时代的数字化转型工作不但是顺应时代发展的要求，也是智慧经济的重要组成部分。5G时代的数字政府建设工作，恰恰就是要在满足智慧经济发展要求的基础上展开的。

自2008年IBM首先提出“智慧地球”的概念以来，以智慧城市为代表的科技概念，向人们描绘了科技未来的强大魅力，通过大数据和云计算等先进技术优化整合城市各类资源，再融合互联网、物联网、人工智能等新技术，城市和城市里冷冰冰的物件都变得“智慧”起来。智慧交通、智慧医疗、智慧教育……“智慧”无处不在，将这些创新点结合起来，就会发现各种各样的智慧产业组合成庞大的智慧经济。

在笔者看来，智慧经济是数字经济中最有价值的部分。IBM提出的智慧地球以及后来业界形成的智慧城市、智慧园区乃至各种智慧产业的解决方案，无一不是要以不断发展中的各种数字技术为基础的。而现实情况是全世界近10年以“智慧××”的名义所建设的众多系统，虽然投入了巨大资金，也用到了互联网、物联网、云计算等先进数字技术工具，但相当数量的项目并没有发挥预期的作用。根据笔者的相关工作经验和观察，很多所谓智慧项目开始建设之前目的并不明确，规划并不完善，建设方案大多只是罗列了要采购的一大堆数字技术装备。有些地方在财政收入有限的情况下花几千万甚至上亿建设大数据云平台，建成后却不知道给谁用和怎么用，一天也没有对公众开放过，这些昂贵的数字资产刚建成就这样无限期地“保护”起来了。严重名不副实的智慧化项目沦为了瓜分财政资金的数字化蛋糕，对于提供产品和技术供给的数字技术厂商来说，他们更关心的是是否可以多卖设备，至于是不是都用得上、用得好，他们是不关心的。这些项目所产生的GDP不但无法成为健康智慧经济的一部分，甚至对于发展数字经济来说也是饮鸩止渴。

由此看来，如果我们只片面强调数字经济GDP的增长规模，而不强调其智慧经济的内涵品质要求，不但不能有效完成我国推动高质量增长的战略目标，甚至很可能演变成为一场新的浮夸风盛行的虚假数字化运动，给中国经济的发展带来巨大的伤害和负面冲击。而要想实现智慧经济的良性发展，我们首先要弄清什么是智慧经济。简而言之，它是在物质资本和技术要素高度发达的基础上，劳动者的智慧成为推动经济发展的决定性因素的一个经济发展阶段。过去相当长的一段时期也曾经被称为知识经济，1996年联合国经济合作与发展组织发布的报告中对知识经济是这样定义的：知识经济是建立在知识和信息的生产、分配和使用之上的经济。在今天这样一个数字技术高度渗透经济活动方方面面的历史阶段，知识正以数据驱动融合数据应用为主要方式和形态发挥其在经济活动中的巨大价值。笔者并不认为数字化技术自身就等于或者能完全代表智慧经济，先进技术只是生产工具，即使在人工智能淘汰人类工作岗位论调甚嚣尘上的今天，我们也要强调是人的主观能动性和智慧与这些技术工具的融合运用，人的思想意志还是智慧经济的核心和创造价值的根本。以“创意—创新—创造—创业”为核心、本质与灵魂的智慧经济还是要靠发挥人的聪明才智而形成创新驱动型经济，智慧经济为创新赋予新的含义。在数字经济时代，无创意即无真正的创新，无创新也无真正的创业（形成新商业模式），无创业也就无企业在数字经济新时代的生存与发展。

政府主导推动数字经济基础设施的建设是必要的，但这些基础设施只是扮演了舞台或者高速公路的角色，如果舞台上没有演员的表演，公路上没有跑车，这些基础设施也就没有作用了。如果说推动中国经济高质量发展是一场大戏，只有舞台，没有演员甚至剧本，毫无疑问是不可接受的，而政府同时扮演了这场大戏的舞台建设者和总导演的角色，既要考虑舞台，也要考虑剧本，但唱戏的主角应该交给企业和老百姓个人。尤其值得一提的是，在今天“互联网+”知识经济生产条件下，消费者越来越多地把自己的想法和创意融入所需要商品的创造和制造过程中，发挥自身创意高度参与满足自身消费需求的生产创造活动也将成为广大老百姓追求高品质生活的一种不可或缺的刚性需求，创造性劳动普遍成为人类第一需求的共产主义预言也能在智慧经济发展中看到一些端倪。

智慧经济由国民创新体系与国民创业体系组成，“互联网+”数字化的国民创新体系与国民创业体系使创新驱动由一种知识经济增长新方式上升为新常态，要怎样把我国经济推动到智慧经济形态呢？这里可能引发一个话题，智慧经济是使市场在资源配置中起决定性作用的基础，为什么政府还要在智慧经济中扮演总导演和舞台建设者这么主导的角色？这恰恰是针对中国国情，政府对于经济在转变发展方式、优化经济结构、转换增长动力建设现代化经济体系跨越关口方面的迫切要求。无须讳言，这么多年中国经济的高速增长是在党和政府的坚强领导下所取得的。尽管近几年已经掀起了大众创新、万众创业的浪潮，但我国的国民素质、绝大部分企业的发展水平与智慧经济的创新驱动要求还有相当大的差距，如果没有高经济价值的知识和数据资源通过互联网自由流动，个人或者个别企业的创新能力是非常有限的，无法形成推动智慧经济发展的社会合力，这并不是简单丢给市场就可以立刻解决的。企业尤其是互联网企业由于其私利性本质，也不可能在大数据资源层面做大公无私的公益行为，大数据自身并不能有效消除罗纳德·H.科斯（Ronald H. Coase）在1937年就已经指出的自由市场所存在的交易成本。

从这个意义上看，当前的数字政府建设工作对于智慧经济来说是奠基性的。数字政府建设、运营的大量的数据资源和与之配套的技术手段，是智慧经济创新驱动的产业发展和市场活动的舞台。与数字政府建设同步的还有这些政府公共数字资产的技术开源和数据开放工作，这些动用公共财政建设的数字资产，本质上也应该是全民所有的。排除小部分出于国家安全和个人隐私保护的原因，大部分数字政府投资建设成果的技术开源和数据开放，是这些数字资产全民所有的直接体现。

由此我们可以清晰地了解到，数字政府的技术开源和数据开放有三方面重要任务。

首先，是保障政府对社会公共数据资源和环境数据资源采集的主导权。政府是代表公众利益的，数字政府建设和运营后积累下来的公共社会化大数据资源是智慧国民经济发展的重要基础和燃料，必须保证全民所有和造福全民的产权属性，这样才能有效地保障国民创新创业体系的形成，才能激发广泛的社会资源参与到智慧经济的创新创业活动之中，并让他们可以从中获利而不需要为大数据资源缴纳难以负荷的“大数据营业税”。

其次，是从落地的层面看，事实上，今天企业和国民双创中所依赖的大量环境性和公众性大数据资源，也只有政府有能力完成大规模的采集和治理，政府数据代表了市场化数据非常稀缺的公信力和权威性，没有公信力的数据资源是不可能得到市场主体的广泛接受和认可的，基于大数据的多方协作也就难以高效进行，无法真正激发广大市场主体开展创新创业的活力和潜力。政府除了自身角色的特殊性，正因为代表的是公众利益，数字政府实际上就是一个透明政府，所以信息公开是常态，技术开源和数据开放本身也是建设数字政府常态化的需求。

最后，更为重要的是，数字政府建设让广大企业看到政府对创新与变革的鲜明态度，也必然掀起企业通过数字化转型投入创新创业的新高潮。政府自己行动起来做出表率，写好数字方案的“剧本”，才能做好国民经济高质量发展大戏的总导演。

综上所述，5G催动数字经济向智慧经济升级，智慧经济离不开数字政府的建设，而数字政府的内涵却远远超过经济的范畴。如果说5G让数字化渗透到社会生活的方方面面，社会治理体系和治理能力现代化就更离不开数字政府。

习近平总书记在2018年视察广东的重要讲话中指出，要全面推进法治建设，提高社会治理智能化、科学化、精准化水平。广东省新组建省政务服务数据管理局，统筹推动“数字政府”建设，促进政务信息资源共享协同应用，广东要以“数字政府”建设为契机，促进社会治理体系和治理能力现代化，不断提高社会治理智能化水平。社会治理智能化是在大数据时代背景下，以网络化和网络平台为基础，运用大数据、云计算、物联网等信息技术，实现社会治理精准分析、精准服务、精准治理、精准监督、精准反馈的机制和过程。社会治理智能化的关键要素在于数据信息。

数据是“数字政府”建设的基础，也是社会治理智能化的基础。没有高质量的政务数据资源，没有实现政府部门专业数据、政府部门管理数据、公共服务机构业务数据、互联网社会数据的互联互通及数据共享，则无法有效实现数字政府的各项建设目标。政府政务数据是海量的，政府也是社会最大的公共数据源，充分利用政务大数据，使大数据在社会治理过程中发挥作用是打造数字政府面临的一个最核心的问题。

尽管政府对政务大数据治理的动机很强，但是当前政府在数据治理的实践中还面临着严峻的挑战和“成长的烦恼”，主要集中在政府数据治理的建设模式和实施路径还存在着诸多难题。具体表现为：

一是出于历史原因，庞大的政府机构都是各部门各自为政、独立开展本单位信息化建设的，政务大数据无论是逻辑上还是物理上都是非常分散的，大量相同的信息还在不同的部门被重复采集和存储，但格式各异，内容不一，所以在政府数据汇集过程中，存在“数据烟囱”林立、“数据孤岛”丛生等现象。虽然当前政府各部门积累的数据资源已经很多了，实现统一和完整的数据汇集也是必需的，但聚哪些、怎么聚、去哪些、留哪些，在实际开展政务大数据治理工作中仍遇到很多两难局面，各种难点也会很多。

二是在政府各项决策的数据分析过程中，由于需要综合汇总的结构化数据与非结构化数据混杂，数据质量不高，数据标准不统一，所以难以用统一的数据模型或者数据算法完成。面对目前政务数据资源分散的情况，社会治理所需要的简单统计指标可能都难以完全靠计算机自动生成，仍然需要大量的人工上报和汇总工作，客观存在政务数据分析过程中内外融合难、上下对接难等问题，这是构建网络化、数据化、智能化的全天候在线的数字政府的巨大障碍。

三是在政府数据管理和应用过程中，数据管理工作无序化现象严重，这困扰着政府数据治理的可持续发展。要打破利益固化的体制壁垒，推进跨区域、跨层级、跨部门的数据平台建设，在实施数字政府战略的过程中，必然会对各部门的思维习惯和工作习惯造成巨大冲击，统一的数据标准和规范的数据管理也必须得到各部门上下的全力配合才能有效落地，治理则不可避免地会让各部门感受巨大的阵痛，而不治理则会让社会治理智能化和数字政府无法落地而长痛，长痛与短痛都是切切实实存在的痛点。

数字政府建设和运营都离不开政务大数据，而政务大数据规模庞大、数据关系错综复杂、数据利益牵一发而动全身，有效治理的难度是很大的，那么政府如何有效开展政务大数据治理工作呢？

各地政府在实施数字政府战略过程中，笔者认为一定要“数据治理，思想先行”。首先要解决的是政府各级领导干部对数据治理工作的思想认识问题，对于政府数据治理工作，等不得，也急不得，更马虎不得，必须从全局的角度周密部署、统筹考虑、长远谋划。虽然当前政务数据治理的要求非常迫切，但我们必须认识到数据治理工作的长期性和复杂性，在尽快解决当前政务大数据应用所亟待处理的堵点、痛点、难点的同时，形成长效机制，久久为功，实现标本兼治的良好发展态势，才是政府数据治理工作合适的指导思想和发展思路。

接下来就是“数据治理，法器并进”，从方法路径和技术路线上，需要研究具体如何部署实施的问题。过去业界对数据治理工作和成熟度评价研究多局限于企业，我们可以在参考产业界多年的数据治理工作实践经验、最佳做法的基础上，再融合政府数据治理的特殊要求提出具体的路径和计划。

虽然企业组织和机构的数据治理工作已经拥有比较丰富的实践经验，工作方法和技术也比较成熟了，但单个企业组织和机构的数据环境、数据规模、数据多样性和复杂度、数据分布和应用的集中度相对于一个地区政府或者城市整体的政务大数据来说，怎么看都是小池塘和大海洋的区别。企业组织和机构的数据治理是微观层面的工作，其影响范围也很有限，而政府的数据治理则是会影响全社会的宏观层面问题。今天我们要发展数字和智能经济，建设智慧城市，改善人民群众的生活，都离不开数字政府的建设能力和效率，因此，针对政府如何开展全方位的数据治理工作，肯定不能直接生搬硬套企业组织和机构的数据治理成熟度模型及行动计划。

所以，我们提出“数据治理，以评促行”的政务大数据治理实施策略，针对数字政府的发展要求，在吸收企业组织和机构数据治理成熟度实践经验及研究成果的基础上，结合国家2015年颁布的《促进大数据发展行动纲要》的政策要求和相关政府大数据治理实践需求，建立政务大数据治理行动计划和成熟度评价模型。该模型可在政务大数据治理工作中作为各级政府部门自我测评和改进的工具，以客观了解、评价当前政务活动中涉及的数据应用和治理工作开展现状以及所处的发展阶段、存在问题，根据当前成熟度评估状态和未来预期要求之间的差距，制订改进计划和策略，并根据计划优先级制定治理路线图和行动计划。

业界有学者提出的政务数据治理成熟度模型参考企业数据治理成熟度模型[1]，从3个方面11项逐一细化政府开展数据治理工作所涉及的工作内容和工作要求。

对于这3个方面11项的政府数据治理能力评价要素，具体的实施情况评价内容解释见表4-1：

[1] 吴志刚，廖昕，朱胜，等.政务大数据成熟度模型研究与应用[J].中国科技产业，2016（8）：77-80.

表4-1　政府数据治理成熟度模型

高阶能力	能力成熟度评价要素	实施情况评价内容
成果体现	政府治理能力	依据数字政府相关建设要求
	社会治理能力	
条件支持	战略规划	业务目标和价值创造、大数据科学决策能力等战略目标； 过程标准制定、大数据解决方案等战略实施任务
	制度保障	数据资源管理方面的法律法规（数据采集、保存、共享、交易、复用、安全等）、数据资源权益界定； 相关技术政策、产业政策、应用政策、人才政策、资金政策； 数据管理、统计评价等标准规范
	组织保障	管理机构、组织结构等设置； 数据治理专家、数据管理员、数据分析员等专业人才的配置； 组织数据文化的培养
	技术架构	政府数据统一共享交换平台、政府数据统一开放平台等数据平台； 大数据关键共性技术、大数据创新技术等数据技术
数据支持	数据管理规则	信息生命周期管理、元数据管理、主数据管理、数据质量管理、数据所有权管理等制度建设和执行
	数据质量	数据采集、数据共享、数据交换、政府数据开放中涉及的数据质量问题
	数据共享开放	数据资源清单、政府数据共享开放目录等梳理工作
	数据协同	信息资源共享共用，数据融合和协同创新等工作
	数据安全	数据风险管理和数据隐私保护

在工作成熟度评价标准方面，可以在参考和拓展美国卡耐基梅隆大学软件工程研究所，在软件能力成熟度模型的五个等级成熟度定义方法的基础上，借鉴国际领域适用最为广泛的智慧城市成熟度及基准模型的阶段划分准则。该准则认为，对智慧城市的智慧维度评估比较复杂，体现在城市生活运用数据智能的不同领域，且每个城市达到智慧的路径不同，其成熟度涵盖领导力和治理、利益相关方参与度和市民关注度、数据有效利用、集成的信息通信技术基础设施等，智慧城市和数据治理从成熟度领域、实现路径、技术手段等方面均有相同之处。鉴于此，对于整体评价一个城市或者地区的数据治理成熟度，我们可以将政府数据治理成熟度分成下面7个阶段：

1.未启动：政府部门尚未进行大数据治理有关的会议讨论；

2.非正式：政府部门进行数据治理的相关探索性实践；

3.有文件：政府部门已出台大数据行动计划或相关战略性指导文件；

4.有计划：政府部门已制订相应的政府大数据治理计划；

5.有部署：政府部门已制定实现大数据治理目标的解决方案；

6.有影响：政府部门制定的大数据治理方案产生了一定的影响和价值；

7.有重大影响：政府部门制定的大数据治理方案产生了重大的影响和价值。

针对上面细分的政府数据治理各项工作，我们均可以从这7个阶段加以评价，确认当前各政府机构组织在开展政务活动中存在的数据问题，根据数字政府建设要求明确各项数据治理工作所要达到的下一个发展阶段性目标，并且因地制宜地根据各地方社会发展水平和治理要求研究出有效的数据解决措施，从而对本地区政务大数据管理能力提升路线和行动计划建立政府乃至全社会的普遍共识。

这些阶段划分是宏观层面的总体评价，而在微观层面，可以针对有部署、有影响、有重大影响这三个阶段所提出的解决方案和影响效果，再在具体负责数据治理某个专项工作的政府部门内部，采用企业数据成熟度的五级模型进一步细化评价解决方案成熟度要求。

这种从整体衡量政府数据治理工作成熟度的评价方法，既能客观反映政府数据治理的实际现状，揭示经验和做法，发现亟须改进的地方，也能及时对标数字政府和智慧城市建设进程中全球实践经验和适宜做法，又能很好地与局部单位、部门内部的数据治理工作进行有效衔接，从而让数字政府的整体战略能清晰分解到基层执行单位的日常工作部署和考核要求中。

5G时代的智慧教育

现在中美的“数字马拉松比赛”已经展开，中国在5G起跑点抢了先机，这场马拉松比赛可能持续整整一个世纪才能分出胜负，跑到最后的才能笑到最后。这并不是一两代人的竞争，需要数代人接力奋斗。显而易见，在这场比拼中，“数字化教育”才是决定最终冠军奖牌花落谁家的关键。

5G实现的万物互联让越来越多的客观现象和人类活动均可以通过大数据来刻画，类似美国大片《头号玩家》所呈现的混合现实场景将很快会成为日常生活场景，而随着人工智能对各种机械性重复劳动的全面接手，千篇一律的事情也不再需要人来干了，尤瓦尔·赫拉利在《未来简史》中言之凿凿地列举了。拥有高度智能而本身没有意识的人工智能算法将必然逐步接手并取代现在人类手上

87%的工作岗位，引用凯茜·戴维森（Cathy Davidson）的观点，今天的小学生大概有2/3将会在将来从事目前尚未发明出来的工作，要想在变化如此快速的世界里生存和发展，创造性地思考和行动的能力变得前所未有地重要。因此，对于5G时代浪潮下的每个国家来说，最需要的是全体国民的想象力和创造力，这是全世界教育都要面对的时代命题。所谓的智慧教育，首先必须是满足时代发展要求的教育，这样才能塑造适合时代要求的人才。

2014年8月23日，时任清华大学校长的陈吉宁与创新教育领域开拓者、麻省理工学院教授，领导"终身幼儿园"团队开发了风靡世界的Scratch编程语言的米切尔·雷斯尼克（Mitchel Resnick）有一次谈话。陈校长指出，中国的教育制度侧重培养遵守规则和指示的学生，他称这些学生为"A型学生"，这些学生缺乏创新意识和创新精神；而中国需要一种新型的学生，他称为"X型学生"，这些学生愿意承担风险，勇于尝试新鲜事物，乐于提出自己的问题，而不是解答基于教科书所引出的考题。正是"X型学生"将提出创造性的想法，改变未来的社会。笔者作为一名典型的"A型学生"，早年和大部分的"70后"同龄人一样被老师、家长所教导的，都是书本里面被定义的概念、常识、知识和法则。可以说，笔者前面30多年的人生，都是在这样的指导下按部就班地过日子，不管互联网多么波涛汹涌，内心岿然不动，10年前笔者看着一些年轻人投身移动互联网的时候，无法理解的同时内心还有一种不屑的感觉——还是太嫩了，没想到迈入不惑之际，却惊觉这个当年自我感觉还可以的IT老兵，知识结构和思维习惯已经明显和4G带来的大数据时代发展要求不合时宜了，已经站在被时代淘汰的边缘了。

根据笔者的亲身感受，智慧教育所强调的培养学生的创新思维和创造能力，对于中国教育是有如久旱逢甘霖般的刚需。中国的创客教育源于欧美近年来兴起的创客运动，我们皆从美国创新教育理论与米切尔·雷斯尼克等大师的原创成果中受益良多，今天要对标美国教育实现弯道超车恐怕任重而道远，即使短期内很难超车，中国教育在5G时代也要大有可为，在这个时间点结合5G的商用发展提前布局是很有必要的。

虽然还有很多不尽如人意的地方，20多年的中国教育信息化工作还是取得了很了不起的长足进步，近年教育信息化的“三通两平台”（指宽带网络校校通、优质资源班班通、网络学习空间人人通，建设教育资源公共服务平台和教育管理公共服务平台）、智慧校园、创客教育装备等方面也没少投入。但诚如在2017年的一场教育部组织的全国性培训活动中，北京师范大学著名教育家何克抗老师所指出的：“信息技术在教育领域的应用之所以成效不显，其问题是出在教育领域没有像企业部门那样，实施由信息技术支持的重大结构性变革，只是将信息技术应用于改进教学手段、方法这类‘渐进式的修修补补’上，或者是只关注了如何运用技术去改善‘教与学环境’或‘教与学方式’。总之，都没有触及教育系统的结构性变革。”何老师还同时指出，传统的途径与方法是实施“信息技术与课程整合”。现在我国的《教育信息化十年发展规划》放弃这一传统观念与做法，提出信息技术应与教育、教学“深度融合”，并认为这才是实现教育信息化目标的有效途径与方法，也就是让信息技术能够对教育发展真正产生“革命性影响”的有效途径与方法，今天在5G技术、人工智能、大数据得到举国上下高度重视的背景下，相信也必定会给中国教育发展带来“革命性影响”，顺着这个思路，我们可以畅想一下5G时代中国教育的发展。

我们畅想5G时代的智慧教育有两个出发点：第一个出发点就是如前所述，如何结合5G时代的信息技术进步与教育、教学“深度融合”，让中国教育真正产生“革命性影响”的有效途径与方法；第二个出发点是如何从教育教学改革的角度呼应时代发展要求，大力开展信息素质教育和人工智能教育，从而扩大数字化创新人口，扩大对5G的需求，推动5G的商用发展。

我们可以先分析一下5G时代的信息技术进步可以给教育带来什么样的“革命性影响”。纵然5G的好处可以说出千条万条，而其中最核心、最重要的只有大大加速和推动AI应用一条，这个道理对于教育也是相同的，而且教育对于“5G+AI”有更为迫切的需求，笔者再进一步把教育对“5G+AI”的需求分为两个方面：

第一个方面是教育信息化和教育技术进步的需求。今天我们的教育领域仍然面临大量的结构性矛盾，教育的公平性、有效性、均衡性发展仍然面对众多的难点、痛点、堵点，亟待通过教育领域的重大结构性变革解决。和各行各业一样，教育领域要解决这些问题离不开信息技术的支持，5G的发展可以大大地推动发达地区的优质教学资源向欠发达地区输送和推广，有力地解决我国由于幅员辽阔在客观上造成的教育资源分配不均衡，以及人民群众日益增长的高品质教育需求不匹配的结构性问题。通过5G时代的信息技术，我们可以有效调动社会各方资源的积极性参与办学兴学，更好地发挥市场对资源的配置作用。教育文化问题归根到底还是人类社会关系互联互通的问题，利用5G的增强型移动宽带大大促进优质教育资源的有效传播是大有可为的。我们可以畅想一下，利用5G的增强型移动宽带对人人互联的体验进行提升，加强跨地区的教育交流、校企合作、家校共建、师生互动、社会办学都有很大的发展前景。面对中国教育发展亟待解决的结构性问题，还是要依靠全社会优质资源对于教育的参与和投入，这是5G人人大互联时代可以顺势而为的。特别是通过5G把VR/AR引入教学活动里面，可以依靠更多的技术手段提高学生的学习兴趣和学习效率，准确评价学生核心素养的发展情况，并将其提供给教育机构。拥有了更多数据支撑手段，能够真正让教育做到因材施教，降低一考定终身造成的负面影响。

第二个方面是发展中国特色创新教育的需求。今天全球普遍认为在人工智能时代，那种机械性的、重复性的劳动和工作必然会转移给AI机器去完成，而人类将从这些低层次的劳动和工作中解放出来，从事创造性和艺术性的活动。全球教育界的普遍共识是推动教学活动走向创造驱动，提高学生高级认知能力在学习中的运用，这里面涉及对学习科学的深入研究。笔者前两年在这方面也深入学习了建构主义的相关理论和观点。人的创造性来自创新意识、创新思维和创新能力，这都离不开其作为学习主体参与知识建构的主观能动性。现实不过是人们的心中之物，是学习者自身建构了现实或者至少是按照他自己的经验解释现实；每个人的世界都是由学习者自己建构的，不存在谁比谁的世界更真实的问题；人们的思维信念系统只是一种工具，其基本作用是解释现实中的事物和现象，而这些解释则构成认知个体各自不同的知识库。孔子在2500多年前提出“不愤不启，不悱不发”的教育思想，就阐明了学习和知识的有效性是依赖认知主体的具体认知，因材施教不可避免地要投其所“好”，这个“好”除了学习者的主观兴趣，还包括其对知识的切身感受，正如毛主席指出的：“想要知道梨子的滋味，就要亲口尝一尝。”人工智能先驱、美国教授尼尔斯· J.尼尔森区分了两类知识：一类被称为“陈述性”的知识，“陈述性”的知识服务于我们对现实的描述和解释；而另外一类是“程序性”的知识，“程序性”的知识需要嵌入我们的实践行动之中，比如学习骑自行车，需要让我们在感知和行动之间实现有效的协调。而怎么看影响和怎么干，我们如何理解现实对于我们的行为是有决定性的，所以如何把“陈述性”的知识转化成“程序性”的知识，或者与“程序性”的知识有效融合起来，是创新教育需要解决的核心问题，这样才能达到理论联系实际、知行合一的教育效果。“5G+AI”对教育的巨大好处在于把“客观”知识活化，就是把原来很多陈述性的“死”知识通过有效的教学情景创设转化成学生可以亲身体验的“活”知识。比如可以考虑把“电子书包”转化成一个“5G+AI”的多学科知识综合（STEAM）知识助手，把学生从死记硬背中解放出来，结合解决问题的场景分析和评价各种“陈述性”知识，以虚实结合的方式运用“程序性”知识开展创造性活动，从而获得对两方面知识的亲身体验、主观解释和内心建构。

5G除了“高网速”体验之外，还包括“物联网”以及“低延时高可靠”，后面两项让5G对于互联网的发展是颠覆性的。如果说互联网发展的前30年，人类要把物理世界变成数字世界和虚拟世界，那么在接下来的5G时代，我们要向另外一个方向走，就是把互联网的数字世界和虚拟世界送回到客观现实的物理世界。数字世界与人类社会方方面面的活动产生联系，让互联网得以超脱虚拟世界，在物理世界中落地，同时，AI也应该像自来水一样进入百姓的日常生活，给人民群众带来更多科技发展的获得感。相信不久的将来，在5G技术对人人互联、人物互联的助力下，AI不再是单纯的工具，而是可以和人类沟通交流的机器智能同学。人类和机器智能在5G时代以解决当下现实中的各项问题为目标开展互学与合作，基于5G时代互联网中流动的、反映物理世界客观现实的大数据同时进行深度学习和知识建构，为人类命运共同体的长远福祉发挥各自的作用。

所以，中国教育对5G有强烈的刚需，5G数字经济发展也需要中国教育从根本上助力。教育就是为了这样的未来而要切实做好基础工作。

5G遇见开放银行

现代社会是离不开金融服务的。金融的概念没有形成之前，金钱只能代表一些“实际存在于当下”的物品，这与“创业”的概念无法兼容，并不能让生产者基于对未来经济成长的信任而扩大生产规模。金融指货币的发行、流通和回笼，贷款的发放和收回，存款的存入和提取，汇兑的往来等经济活动。金融就是对现有资源进行重新整合之后，实现价值和利润的等效流通。正是金融的产生，让人们对未来的信任转化成信用，再转化成新的资金来投资生产，从而扩大生产规模，最终也推动了经济的成长。这种新的财富创造观念成为资本主义的教条，启动了工业革命，推动了近现代的工业文明。

银行是现代金融体系的核心，一般人谈到银行，立刻联想到的就是钱柜——有钱的地方，于是人们都非常羡慕银行工作人员，认为他们在气派的场所做着体面的工作，每天接触几百万上千万的流水。正好笔者有 7 年多的银行工作的经历，后来又有近 1 0 年服务银行客户的经验，笔者可以告诉大家，大家看到的这些都是表象，银行的核心就是那套写满密密麻麻数字的账本，而客户的财务就隐藏在这些密密麻麻的数字里面。账本是银行的核心，在传统的银行，所有银行的服务都是围绕账本来展开的。如果您在银行没有账户（账本里面的一个条目），对不起，银行就无法为您提供服务了。传统银行是认账不认人的!

正因为账本对于银行是如此重要，维护账本的安全，确保账本记录的正确性和准确性就构成了银行的核心任务，于是银行出现了一个不太合情但非常合理的现象，银行关心账本上的数字远远高于数字背后的客户。因为数字代表了银行拥有的财富规模和业务能力，客户只是提供这些数字的原材料而已。以账户为中心的银行经营思想如此顽固，即使银行这么多年在信息技术装备上不惜重金投入，金融信息化取得了巨大的进步，在信息技术层面银行的水平远远超出其他产业，可以说，银行科技部里面也是高手如云，但是银行在业务创新层面却非常“保守”，没有一家银行敢抛弃它们的核心系统——基于银行账户的金融交易系统，而围绕客户的体验和需求开发有针对性的金融服务。

这里我们可以意识到，银行竭力维护的是记录在账本或者凭证

（银行业务活动的证据）上的数字，而非账本的物质属性，银行金融业本质上就是一个完全由数据驱动的行业。在信息科技发展的不同时代，人们出现了不同金融业务需求，影响着银行业的业务形态，因此，过往银行有了1.0、2.0、3.0的层次之分。

Bank 1.0时代是以银行物理网点为基础的银行业务形态，银行的账本是各个物理网点靠人手维护的，直接给客户办理业务的银行柜员相当于出纳，同时负责管理现金，而网点业务的核心掌握在会计手上，因为他们是管账的。而随着计算机时代的来临，在银行1.0时代的电子化也是围绕着出纳和会计的信息技术要求，不会直接面对银行用户的金融需求。银行1.0明显无法满足用户提出的更多时间、空间上自由办理银行业务的需求，后来随着网络技术的发展，银行业又进入到了2.0时代。

Bank 2.0是一个自助服务的时代，它所开发的电子金融服务，不仅提供传统银行的所有业务，还不断推出新形势下方便客户的网络金融产品，以满足客户的多样化需求。新兴的网上银行如雨后春笋般崛起，一定程度的便捷和迅速，使得用户依赖银行物理网点的行为被迅速改变。

随着4G时代和智能手机的大规模普及，全球银行已经踏入了更多元化的Bank 3.0时代。用户通过智能手机可以随时随地操作现金（纸币）以外的银行业务，这打破了以物理网点体系为基础的银行服务模式。很多银行也主动这样做了，可是为什么还是被BATJ等互联网巨头所成立的金融科技公司冲破了防线、打乱了阵脚呢？

在中国，支付宝、微信支付的出现已经极大程度地改变了人们的消费习惯，这些移动支付手段并不需要拥有银行那样严密的核心账务系统，但是给用户日常的消费带来了巨大的便利，由此带来了用户用手指实现的存款大搬家。很多银行花了大价钱开发的各种手机访问渠道恰恰成了帮助用户存款搬家的便利条件，这不能不说是一种讽刺。为什么？因为用户体验。站在银行的角度看，对用户体验的理解是存款、取款、借钱、还钱、理财、对账这些围绕银行服务的操作；而站在用户的角度看，是无现金消费、懒人理财、有高人指点的投资决定、维持体面的周转融通，等等，这些体验并不必须有银行账户，而是和用户当时的财务处境高度相关。银行一般对于这些体验不懂也没兴趣关心，于是自然就输给了那些更懂用户这方面心思的互联网企业了。

被评论家高度评价为“银行未来与银行创新的圣经”的*Bank 2.0*、*Bank 3.0*、*Bank 4.0*，其作者布莱特·金（Brett King）最近指出：“当我们看未来的银行体系的时候，我们看到更多的基于（用户）行为进行预测（的产品出现）。这些服务并不是以产品为基础，而是以（用户）体验为基础的。”于是，以账务为中心的银行业务能力在基于用户体验为中心的金融科技公司的冲击下，竟然如冷兵器在机关枪面前一样毫无抵抗能力。

虽然多年前银行也已经意识到以客户为中心的服务理念的重要

性，可是由于顽固的传统观念，绝大部分的银行业务还是离不开以账务为中心的历史痕迹。这几年，笔者服务的银行业主都在竭尽全力去丰富他们的用户画像和提高用户信息管理水平，希望以此来为用户提供更贴心的服务，但技术上他们普遍还是采用了相对传统和笨拙的CRM模式（CRM指客户关系管理系统），就是用人力来采集和录入用户各项信息的传统信息化方式，这在移动互联网大数据时代无疑是落伍而且低效的，因此在以体验为基础的创新方面，在4G时代落后于微信和支付宝这样远比传统银行拥有更多用户信息采集手段的金融科技平台是必然的。如今，5G时代已经开启，移动互联的爆炸式发展已经接近尾声，银行业再一次遇到了历史节点。5G的革命性影响将改变几乎所有行业，而根据笔者的理解和多年的银行金融业工作经验，5G很快将能体现出对银行金融业脱胎换骨的改造威力。

在布莱特看来，人工智能AI技术已经悄然渗入了银行业，对银行的业务形态带来了巨大影响。布莱特预测，未来，更加开放的植入式银行将成为Bank 4.0的最终形态。在这种形态下，人工智能化的银行服务将会通过各种方式出现在我们周围。什么是开放银行？怎么理解开放银行？开放银行是一种与传统围绕账本打交道完全不一样的银行业务形态。开放对于银行来说，是一种全新的无私无我的待客服务方式，默默地为客户打理一切金融方面的事务，客户却可以视而不见。要做到这一点，传统银行必须把现有的所有客户能看见的卡（折）、账单、凭证、印鉴、物理网点、自助柜员机等银行流程都打破，银行给客户提供的金融服务不再需要这些用户看得见的流程了，而是隐藏到诸如度过一个浪漫的周末假期、飞到欧洲看一场刺激的足球比赛、买一辆超酷的跑车、选一套海边别墅等各种生活场景的背后，银行参加了用户这些美妙的时刻却没有给用户任何打扰。所以，对于银行来说，开放是更主动地渗透到社会生活的每个神经末梢之中；对于用户来说，是银行变得透明了、看不见了，但自己能够拥有空气一样可以无所不在、自由呼吸的私享服务。

移动手机的出现已经极大程度地影响了人们的消费和支付习惯，而开放银行AI的服务植入社会生活方方面面的趋势无疑和5G带来的产业发展方向是一致的。如笔者前期的分析，5G作为一个万物互联的泛在无线（限）网络，可以让银行的所有服务以个性化和智能化的方式嵌入到消费者的各种生活和工作场景之中。5G让AI成为像自来水一样便捷的生活产品，银行AI服务也很大概率地成为首批大面积普及的高价值5G场景应用。

未来人工智能在对银行业的影响上，更是围绕着我们周围世界发生的变化所进行的。比如说，利用过往的服务记录，银行能够告诉我们什么时候买得起新车，什么时候需要进行投资。未来服务你的银行很有可能回答这些问题，因为它知道你的存款余额，知道你什么时候会有收入，知道你每一次在哪里花了多少钱，知道你上一次买了什么保险，知道你关心什么股票，等等。未来，银行对于和我们的财富有关的这些建议能够植入我们日常生活当中，通过掌握我们的行为而为我们提供适时和贴心的银行服务，这就是AI可以发挥作用的地方。那么，为什么银行在金融AI应用中更具优势？因为传统银行在风险管理和信用经营方面有着BATJ这些互联网巨头都难以具备的、积累了许多年的金融服务知识和经验，正是这些经验，银行可以比BATJ更精确地帮助用户根据宏观经济形势预测怎么投资、怎样的财富配置更合理等。虽然BATJ等互联网巨头霸占社交和电商渠道，但是金融智能的硬核业务肯定还是玩不过功力深厚的“老”银行，而且银行只要开放自己，提供一些API给社交或者电商平台，就可以把流量“兜”回来。

有钱、有渠道、有人才本来就是银行的优势，5G让银行接触百姓生活的手段和渠道更加开放，加上已经高度数字化的银行服务可以基于人脸识别、图像识别、语音识别、语义理解等AI原子能力的赋能，形成场景式的银行AI服务能力。比如，过去银行的投资部门经常需要用户来填写调查问卷，而如今的银行已经不需要了。他们利用AI技术来记录用户过往的投资理财行为，提出更满足用户风险偏好和承受能力的投资建议，这是基于用户的行为给出预测，而不是基于传统的调查问卷形式。当未来的开放银行体系构成的时候，我们将看到更多的基于行为进行预测的产品出现。这些服务并不是以产品为基础，而是以体验为基础的，可以在用户不知不觉的情况下采集到银行需要的各种用户信息和影响用户的金融消费行为。比如使用行为分析和数据分析，银行就可以利用一天当中最好的时间来告诉某个人如何省钱，然后这个人很可能在生活中就高度依赖银行提供的这种服务了。

开放、无私无我、隐身、透明化是银行金融业在5G时代一种必然的转变趋势，通过5G的AI应用场景，从传统的银行成为植入式开放银行，植入到我们周围的世界当中，我们就能通过各种不同的方式获得银行智能化服务。我们可以预测，在世界上发展最快、拓展最快的银行都是基于颠覆性的智能技术。未来，当用户有需求的时候，能够最快提供相应服务的，几乎都是通过人工智能、语音识别、智能硬件、更便捷的网络连接技术等来实现的，这些银行很快将异军突起，迅速成为吸人吸金的新风口。

当5G遇见开放银行，这回我们可能有机会看到马云的口号被银行业改成“×××（互联网公司）不改变，我们改变互联网”，马云虽然退休了，但我们还在路上。

5G背景下的农业革命

有句话说得好，“民以食为天”。现在对于中国人来说，单纯的吃饱饭已经不是问题了，可粮食安全依旧是个大问题，三农问题仍然是中国的重要问题。5G对于农业发展又意味着什么？5G能否推动一场新的农业革命？5G时代，我国农业将会是个什么样子？

一直以来，土地都是农业最重要的生产力要素。没有信息化手段之前，农业是一个纯粹在自然的物理空间中开展的生产活动，农业生产关系自古到今占主导的是土地和农民之间的关系，物质要素是决定农业生产力的决定性要素。当信息技术逐步应用到农业生产的过程，那么农业生产活动就不仅仅在基于土地的物理空间中开展了，涉及耕地、播种、施肥、杀虫、收割、存储、育种等各环节的生产活动都可以产生大量的数据。对于粮食来说，虽然数据不能当饭吃，可是农业数据的合理应用却可以大大提高农业生产的效率和效益。我们再进一步分析，数据虽然不可能替代食物，但农业数据化却可以让数据替代土地资源发挥作用，以地理标识原产粮食物种为供给源头、以城市消费需求为目的导向的农业产业价值链的产业结构会发生巨大改变。

有些运营商在白皮书里将5G定义为一次彻底的创新，我们也有充分的理由相信，5G必然会给农业带来一场新的革命。5G在农业的应用可以带来农业物联网和农业大数据，人类社会已经进入数据时代，把农业大数据应用于农业，农业经济的优化将不断推进，实现可持续的产业发展和区域产业结构优化。

中南大学教授、中国村落文化研究中心主任、太和智库高级研究员胡彬彬谈起5G农业的特点时指出："农业物联网的形成与快速发展最终实现农业生产的高效智慧化；农业集中化、高产化、高效化；食品安全溯源可控化；农产品季节时令差可调控化。"我们可以分别从供给和需求两侧看5G驱动的农业物联网和农业大数据所能发挥的革命性作用。

从需求侧来看，吃得饱的需求早已经让位给吃得好，食品安全比食品本身有更大的需求，于是短短的几年时间之内食品溯源的概念在大江南北的农贸市场和生鲜超市悄然出现。农业生产的过程不仅是一个食物产品的物质生成过程，还是一个从种子基因、土壤含量、化肥用量、气候条件、农残检测到运输流通的过程。现在消费者追求从田间到餐桌的食品数据链条，于是农业将会越来越像一个同时经营大数据的行当，5G让农业各生产环节都有条件实现业务数据化，而这些伴随食品生产同时采集而得的数据，也将会成为食品销售的标配。人们都非常崇尚原生态的自然作物，将来食品是不是原生态作物。也要有数据来“自证清白”，所以，将来数据还是不能被人当饭吃，可关于食品的数据将让人决定吃不吃。

从供给侧来说，农业生产的精准化和可控化成为提高生产力的关键，有限的物质要素（土壤、水）投入下要提高农业的产量和效益，就要求各环节的生产活动更加精益。以色列在很恶劣的自然环境条件下成为农业生产大国，堪称榜样。这几年，从互联网、大数据、生物技术到AI、5G的运用，农业也逐渐被投资者、创业者看好。尤其是关于5G运用农业的革命性探讨在2018年以来就一直没有间断过。比如，拼多多创始人黄铮就表示：5G技术、物联网和人工智能的发展，将在未来几年时间内给各大行业带来革命性的变化。尤其是农业领域，随着5G大规模投入使用，行业供应链环节的信息获取和交互速度将达到新的层次，无论是农产地的一棵果树，还是送到食品加工厂的一批原材料，都将随时随地被掌握。农业将被5G物联网彻底改变。

有人总结出5G时代农业领域四大运用场景：

1.种植技术智能化：5G结合高精度土壤温湿度传感器和智能气象站，远程在线采集土壤墒情、酸碱度、养分、气象信息等，实现墒情（旱情）自动预报，灌溉用水量智能决策，远程、自动控制灌溉设备等功能，并且将数据及时反馈给技术人员。最终达到精耕细作、准确施肥、合理灌溉的目的。

2.农业管理智能化：农业管理智能化就是在植物生长的过程中，由智能系统监管农作物，缺少什么（例如，养分不足，病虫害的预判）就及时给它什么，5G就是让人对机械的命令立即到达并执行。

3.种植过程公开化：在5G的强大技术支撑下，实时发送图像数据，让人们了解菜园作物的生长情况。也就是消费者可以随时进入网络观看种植过程，看农作物生长过程中都用什么药、什么肥，让大家放心食用。

4.劳力管理智能化：在5G技术的支持下，根据信息数据提供最佳生长环境，即使劳动力和能源较少，也可以提高农产品的生产力和质量。使用智能农场设备，当人们不在时，可以打开和关闭温室的窗户，并自动供水。无人驾驶拖拉机可实时向管理员提供障碍物数据，并且重定路径。

我们可以畅想一下，5G赋能下的未来农业，各种的先进设备和农业生产活动相结合，农场将布满传感器，搜集数据以反馈给机器，农民只需坐在电脑前便可以查看农作物的数据，根据采集的数据做出相应决策。由于数据驱动的农业机械可以完全替代人工而实现农业生产自动化，5G可以让更少的农民更有效地种植和管理更多的作物。这样一来，农业生产从原来田间地头的体力劳动转换成办公室里面的脑力劳动，农民完全可以成为办公室白领。农业生产活动将以手指点点屏幕的方式进行，这样一来，农业公司化运作将成为一种必然的趋势。凭借5G技术，农业公司更容易进行精准农业应用，且回报迅速而显著，不仅可以节省成本，对农作物进行实时保护有利于保护环境，实时监控农作物生长也能大大增加农业公司的利润。

我们把类似的场景再深入想象一下，在城市附近的农场，可以把土地分割成若干小块，再出租给希望自己“种菜”的顾客。每一小块土地都装上高清镜头和各种传感器，并配套开发支持顾客远程访问的App，顾客可以根据自己家庭的果蔬消费需求通过App下单种植相应的品种，然后通过App每天关注果蔬的成长过程，在瓜熟蒂落之时再要求采摘和物流运送。这样，土地原来的主人就可以从农民转型成为数字化C2B种植服务的经营者，再开发一些具备教育和休闲功能的农家乐项目供顾客节假日过来实地体验，这种商业模式将极大迎合广大追求高品质生活的城市居民种植“私家菜”的需求。这样的好处是非常明显的：一方面让农业可以迅速转化成高净值的服务业，促进农村经济成长；另一方面可以有效促进城乡的双向流动，让城市文化推动新农村文明建设。

由此我们可以看到，5G可以改变传统农业中农民与土地的第一生产关系，以农业数据化的方式把农业第一生产关系转变为食品与消费者之间的关系，农业将从第一产业转变成第三产业（服务业）。这将给农村与农民带来革命性的影响，农村将从一个生产场所变成一个集生产、文化、旅游功能于一体的服务场所，而农民将转变成农业工人或者食品生产服务业从业者。可见，这是5G对农业的一次彻底重新定义。

5G时代，农业将会更加智能，更加精准，更加社会化、个性化、服务化、智能化和绿色化，农业物联网、农业大数据让农业发展获得新的动力，传统生产关系被数字化重新定义后的智慧农业发展也即将迎来空前高潮。

5G推动发展智慧城市

诺贝尔经济学奖得主约瑟夫·斯蒂格利茨曾说，中国的城市化与美国的高科技发展将是影响21世纪人类社会发展进程的两件大事。

当前，全球已经有超过一半的人口生活在城市，城市正成为人类发展的焦点，甚至可以说城市生活的美好程度决定了人类社会的福祉。现代社会里，城市是经济活动的中心。随着城市化进程的推进，越来越多的人口涌入城市，这不仅推动了社会经济的快速增长，也给城市的发展带来更多的挑战，比如教育问题、工作问题、治安问题、交通问题、生活环境问题等。如果不进行适当的规划和管理，迅速的城市化会导致各种社会矛盾的出现，这些社会矛盾得不到有效的解决和消除，城市发展会出现畸形，甚至导致各种结构性的城市病，从而影响经济的增长和社会的发展。城市病从工业革命之后便伴随着城市化进程，成为每个时代不得不竭力应对的顽疾，并且随着越来越多的社会资源和要素向城市聚集，越来越多的社会新时尚在城市出现，城市的复杂性也与日俱增。现实中，我们生活在城市里的人犹如身处庐山之中而不认识庐山的真面目，如何能够及时和清晰地掌握城市生活的各种大事小情、态势状况，是摆在每一位城市管理工作者面前的难题。

我们需要认识到，城市生活由关系到城市主要功能的多个领域组成：政府管理与服务、公共安全、交通、医疗卫生、能源与水、环境保护、城市规划与城市管理、经济发展、社会服务、教育等，这些领域不是零散、孤立的，而是以一种需要协作的方式相互衔接。城市本身则是由这些领域所组成的最复杂的人造宏观系统，从技术上呈现其真实状态并跟踪预测，似乎是一件不可能的事情。城市规模越大，关系越错综复杂。而我们分析城市发展中遇到的各种矛盾和问题，不同的表现和场景下都可以看到背后是由于资源配置不平衡所引发的，很多时候是有限的城市资源无法满足城市人口快速增长带来的巨大需求。而对于城市的各项资源，仍然沿用传统那种由政府集中的行政权力的资源配置方式无疑是低效率的，政府主导的城市公共服务供给和广大市民的需求在信息上实现对称是很困难的，这种供需信息不对称的资源配置方式导致大量不合理的浪费和闲置，加重了城市社会的社会矛盾，阻碍了城市的健康发展。

因此，现代化城市需要以大数据、物联网、云计算、人工智能等新信息技术为支撑，解决信息不对称造成的城市资源配置效率低下、供需失衡的问题，用信息来替代那些被浪费的物质，提高公共资源的配置效率，争取用最少的物质代价满足市民对各项城市公共服务的巨大需求，在这个基础上变革城市的建设、运行、管理、服务方式，使得城市生活更加智能化和便利化，满足市民越来越多样化的城市生活体验需求。这是发展智慧城市应该做的。

根据上面的分析，我们可以看到，促进城市社会跨领域的信息流动和数据共享是实现智慧城市的前提，今天城市数字化的发展理念已经成为普遍共识。5G以全新的网络架构，提供至少10倍于4G的峰值速率、毫秒级的传输时延和千亿级的连接能力，开启万物广泛互联、人机深度交互的新时代，成为经济社会数字化转型的关键使能器，也必然影响城市规划、建设与发展，从而引导城市的数字化发展方向。笔者认为，5G技术赋能数字城市不是智慧城市的N.0版本，而是5G时代数字城市实践的全新探索（1.0版），虽然两者在云、大、物、移、智这些技术构成要素和呈现方式等方面有相当大的重合度，但两者在理念上已经有了很大的不同。总的来说，5G的出现和在数字城市建设中发挥作用，可以有效弥补目前智慧城市应用体系的一些不足。

追溯现代城市规划思潮和实践，每一个时代都在努力找寻城市的“真相”，而对城市本质的不同认识决定了不同的城市实践方法。随着系统科学的发展，城市模型深受青睐，被看作检验规划设想的手段，甚至被视为能够预测城市未来的可靠方法。不过，著名的规划大师约翰·弗里德曼（John Friedmann）在晚年认为，“城市建模本质上是还原论的，做研究很有用，对实践则意义稍逊，因为实践要面对现实中的城市，要求即时性”。在中国，钱学森先生早在1985年就提出城市是一个复杂的巨系统，要用系统科学的方法对城市进行研究，早期影响了一批规划学者。近年来，由于信息通信技术对城市生产生活方式产生了巨大的影响，线性、机械切分的城市管理方式受到极大挑战，城市是一个复杂系统的认识逐渐回归。

传统城市发展是在一个特定物理空间范围内的，要取得发展必须不断注入更多的物质资源，比如需要更多的人口、土地、能源、水、食物、交通工具、生产资料和生活用品等，但在一个物理时空内，物质资源总是有限的。当物质资源对于城市发展井喷的需求难以承载的时候，各种城市生活中的社会矛盾和问题就会接踵而至，老百姓过日子是不能停摆的，很多问题都迫在眉睫，亟待解决，不能及时处置就出大乱子了，这让城市管理者像消防队长一样，哪里出火情就往哪里扑。为了满足越来越复杂的管理需要，城市管理机构也越来越臃肿。政府太大了，政府各职能部门很容易陷入各自为政的局面。虽然工业化催生了现代城市和丰富多彩的城市生活，但在没有应用信息技术之前，城市管理者和市民在城市的一切活动都依赖物理空间，城市各方面功能的发展都与物理空间有一一对应的线性关系，不同功能领域的发展又信息不对称，带来了很多物质资源的浪费和低效利用。可能大家还有印象，很多城市的马路由于某些原因被反复剖开，给市民的生活带来了很多不方便。

信息化则让城市跳脱出这种线性发展方式，正如1989年曼纽尔·卡斯泰尔（Manuel Castells）在《信息化城市》中所指出的，“在信息时代，传统的城市空间将逐渐被信息空间取代，信息通信技术造就的信息流动空间将社会文化规范形式和整个物理空间进行区分并重新组合，进而形成了一个新的‘二元化城市’”。以互联网为代表的新信息科技把人类文明带入了新时代，数字化也赋予了城市新的基因，数字化城市还是城市，但肯定不再是传统城市了。

数字城市的早期阶段是业务驱动的信息化建设，城市各功能领域（教育、医疗、公安、产业等）纷纷建设了满足各自业务需求的数字系统，这些信息化应用也产生了与之对应的信息空间。虽然这些信息系统在局部范围内优化了业务和管理，但由于这些信息系统都是服务局部的业务需求，从城市全局来看，这些信息空间一方面是相互割裂的，另一方面由于数据主要是人工方式采集和录入的，存在严重的数据质量问题，和城市物理空间的实际情况严重脱节，所以这样的信息空间里面的功能并不能避免和减少现实城市生活中对于很多物质资源要素的消耗，传统城市发展的结构性问题并没有得到根治，反而带来了管理上的新问题。

智慧城市的概念起源于IBM提出的智慧地球。2008年11月，IBM提出“智慧地球”的概念。2009年1月，时任美国奥巴马总统公开肯定了IBM“智慧地球”的思路，并且IBM“智慧地球”战略已经得到了各国的普遍认可。2009年8月，IBM又发布了《智慧地球赢在中国》计划书，正式揭开IBM“智慧地球”中国战略的序幕。按照IBM的定义，“智慧地球”包括三个维度（如图4-1所示）：第一，能够更透彻地感应、度量世界的本质和变化；第二，促进世界更全面地互联互通；第三，在上述基础上，所有事物、流程、运行方式都将实现更深入的智能化，人类因此获得对世界更深入和智慧的洞察。

图4-1　IBM“智慧地球”的三个维度

到底怎么理解智慧呢？这决定了对智慧地球发展目标的不同解读。IBM“智慧地球”的英语是Smart Earth，如果直译，应该只是“聪明地球”的意思。我们说，耳聪目明，耳和目都是感知器官，所以聪明的本意是一个人对外界环境很快、很好的感知能力，因此表现敏捷、伶俐，古人用词是很严谨的，聪明无论如何不能等同于智慧，英文单词“智慧”也不是smart。Smart Earth应该说是谦虚的，也是恰当的，可是2009年IBM中国公司把这个概念引进中国的时候，翻译中用智慧替代了聪明，笔者认为含义上有些言过其实了。而时任总理温家宝提出了“感知中国”的解读，与“智慧中国”相比，这种解读无疑是很到位的。

智慧城市也继承了智慧地球的定义和概念，在商界、政府以及学术界引发了广泛关注，被认为是解决城市病问题的灵丹妙药和实现可持续发展的有效途径。然而至今已有10多年，与繁荣的技术工程市场相比，智慧城市项目并未取得其标榜的效果，特别是“搞智慧城市的人却不懂城市”无疑是一个巨大而根本性的讽刺。虽然信息技术是把握城市复杂性的有效手段，但已有的智慧城市项目仍然没有跳出机械还原各城市功能领域业务物理场景的认知模式，大多数冠以“智慧”标签的城市，行业应用除了简单模仿人工业务流程中的信息传递和处理，并没有对推动城市传统管理方式发生结构性的变革。当前许多智慧城市项目实质上是对政府职能和工作流程的信息化改造，是现有条块分割、机械线性式城市管理系统上的片面模仿和打上信息技术补丁，而非革新方案，而且实践中也并没有解决传统信息化数据孤立、条块林立、系统分隔的问题，使城市系统间的协同难度和管理成本由于技术屏障而进一步增高，难以真正实现智慧发展。因此就目前已有的智慧城市建设方式而言，即使技术不断升级的智慧城市N.0版本也难以消除其与城市的“排异”反应，只能达到阶段性的城市局部优化效果，无法真正起到引领未来城市发展方向的作用。但话说回来，智慧城市概念作为一种比较容易理解和接受的未来城市发展理念，对于激发城市各功能领域的转型升级需求，推动信息技术在城市各行各业的广泛应用还是有相当积极的作用，只是在具体的建设手段上要采取全新的认知和策略。

虽然政府在电子政务方面的投入是巨大的，各政府机构也做了各种类型的信息系统，积累了大量的政务数据，可是这些数据是各自为政的，被封闭在一个个信息孤岛或者信息烟囱里面，只是局部使用。在这种局面下，传统电子政务说到底解决的还是人与人互联的问题，由于数据都是人工采集或者填制的，基于人工方式搜集的数据要实现信息空间对城市物理空间如实反映都是极其困难的，在这种数据基础上用传统的电子政务建设方式来追求实现“智慧城市”更是难上加难。

对于智慧城市来说，5G要实现的万物互联无疑也是城市数字化转型的关键使能，智慧城市的发展总算有机会挣脱传统电子政务时代组织和人的局限性，迈入智能化的数字孪生城市的康庄大道。5G极其强大的物联网特性，让城市各项要素和活动的数据采集工作可以以一种全自动无死角的方式进行，这样所构筑的城市信息空间，就会成为城市物理空间的忠实映射，在这些城市孪生数据的基础上所开发的各类型智慧城市和人工智能应用，也肯定是能有效和高效解决各种城市现实中问题的。

5G万物互联之后所采集的数据实现数据孪生是非常自然的事情。数据孪生（Digital Twin）是指构建与物理实体完全对应的数字化对象的技术、过程和方法。这一概念包括三个主要部分：物理空间的实体；信息空间的数字虚拟模型；物理实体和数字虚拟模型之间的数据及信息交互系统。数据孪生源于仿真技术，但它不同于“仿真”，更为“写实”，有下面三方面的特征：

1.对物理对象的各类数据进行集成，是物理对象的忠实映射。

2.存在物理对象的全生命周期，与其共同进化，并不断积累相关知识。

3.不仅能够对物理对象进行描述，而且能够基于模型优化物理对象。

首先，数字孪生要求信息空间里面的虚拟数字模型是“写实”的，为“一种综合多物理、多尺度模拟的载体或系统，以反映其对应实体的真实状态”。数字孪生可以将物理空间里实体的实时数据与虚拟数字模型紧密结合，使管理人员能够更容易掌握物理实体的运行状态。

其次，数字孪生代表了完整的环境和过程状态。数字孪生是一个高度动态的系统，涵盖整个全生命周期，从设计、建设直到运行和管理阶段，具有统一的数据源，避免了数据孤岛问题。由传感器感知或由执行系统生成的所有数据都存储在虚拟数字模型的历史数据库中，并随着物理实体系统的变化而实时更新，这样积累下来的历史数据对于创新所需要的知识发现是有重大价值的。

而最重要的意义是，在及时掌握物理实体运行状态的基础上，结合历史数据所发掘出来的变化规律。管理人员可以对与物理实体对应一致的数字虚拟模型进行模拟控制，对管理带来的影响进行预演和验证，根据模拟结果推演出更好的行动计划，这样就能反过来更加有效地改进在物理空间的各项活动安排，避免不必要的物质资源的损失和浪费，并且动态调整，及时纠偏。

从这些特征可以看到，数字孪生对物理实体的高度“写实”体现了的世界观和方法论。我们可以把数字孪生理解为数字时代的新手段，以前我们没有这样的信息空间，只能在物理空间中通过实地调研来管理对象，工作中要耗费很多时间和资源，今天当我们拥有“反映其对应实体的真实状态”的信息空间后，工作就可以在信息空间中进行了，这将从根本上改变我们传统的认知方式和习惯，我们将迈入一个彻底以数据驱动、实事求是解决现实问题的新时代。

而数字孪生涵盖整个生命周期和推动对物理实体的优化又体现了巨大的创新驱动时代意义，今天已经迈入了创新驱动的新时代，我们针对信息空间的虚拟数字模型所做的各种创新方案的预演和验证，基本不需要承担什么物质成本，将大大降低直接在物理空间开展创新尝试的风险和成本，把城市的孪生数据向大众开放，也是为大众在数字经济中创新创业提供了最有力的支持。

数字孪生城市是5G实现万物互联后的智慧城市形态，通过5G

和数据孪生技术构建城市物理世界及信息网络虚拟空间一一对应、相互映射、协同交互的复杂系统，在信息网络空间再造一个与物理城市匹配、对应的数字孪生城市，实现城市全要素数字化和虚拟化、城市状态实时化和可视化、城市管理决策协同化和智能化，形成物理维度上的实体世界和信息维度上的虚拟世界同生共存、虚实交融的城市发展新格局。数字孪生城市是彻底以数据驱动为核心的新的城市生活方式，可以凭借统一的数据基础设施，构建人与人、人与物、物与物多元融合的数字化城市镜像。全面数字化是数字孪生城市的基底，只有通过全方位、全流程和全系统的数据归集，城市的物化表现和人类智慧才能够更好地结合，这不仅仅是对局部了解的深化和细化，更重要的是提升了获得系统全面信息的能力，让更多的城市主体通过这样一个高度写实城市各种物理实体的统一的信息空间，参与到城市管理和发展工作中来，回应前面关于众多城市生活问题所呈现的集中式串联化“有序的复杂”形态，大众的参与则可能把相同的问题分解为分散式并联化“有序的简单”。过去的矛盾是责任高度集中在政府手上，政府面对海量的复杂问题无能为力；而在一个共同的、一致的信息空间里面，广大市民的参与毫无疑问是激活了解决问题的、人民的力量，依靠广大人民群众，有效组织人民群众的力量，“我为人人，人人为我”，城市发展再大的问题都会迎刃而解。这才是彻底解决这些城市问题的正道。对于政府无力快速解决的问题，如果每位市民积极参与，采取一致的行动，很可能就转化成了大家的举手之劳。现在我们做不了这样的事情不是因为市民没有参与的热情，而是没有有效参与的渠道和手段。5G万物互联后形成这样一个与物理城市高度一致的数字孪生城市信息空间，可能性是非常大的。

这样的数字孪生城市目标对当下来说毫无疑问还是有些高远的，如何迈出第一步才是关键。根据自身的咨询工作经验，笔者提出了结合5G的普及发展智慧城市应用和城市孪生数据融合的基本构想，如图4-2所示。

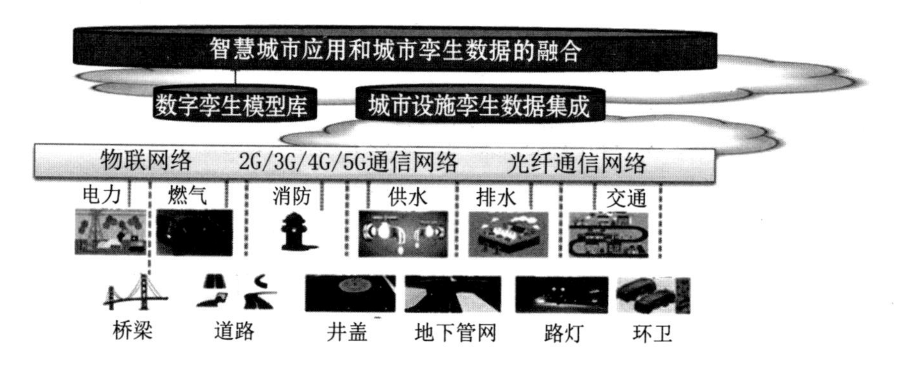

图4-2　智慧城市应用和城市孪生数据的融合

一是做好市政基础设施通信、物联网统一规划设计，加强传感设备通信及数据传输网络建设，出台相应的管理办法和建设标准，为新建项目工程提供规范指导。推进光纤网络覆盖，加强窄带物联网技术推广，在原来3G、4G建设的通信基础上，同时促进5G覆盖与智能感知物联网络的结合——端网融合，以此全面推进“无线+有线”的传感网建设，形成高效感知环境，打造畅顺高效、全域覆盖的物联网感知“神经网络”。

二是加快摄像头、水质传感器、温湿度传感器、空气质量传感器、声音传感器、红外探测器、气象监测仪器等物联网感知设备在市政设施、安全管理、产业等各领域的布局。加强对市政基础设施（交通设施、井盖、路灯、消防栓、桥梁、地下管线等）、交通状况（道路、停车位、车流量、信号灯等）、环境状况（空气质量、噪声、水环境质量等）、园林状况（土壤墒情、病虫害、远程灌溉等）和公共安全防护状况（视频监控、人脸识别、烟感漏电等）的感知能力和数据自动采集能力，让这些能自动采集数据的智能传感器成为“神经末梢”。

三是针对市政基础设施物理实体设置数字孪生模型库，采用“物理几何—功能—规则”多维度多尺度建模与仿真技术、多维度多尺度模型集成与融合技术。模型融合过程主要涉及多维模型的构建、评估与验证、关联与映射、融合、一致性分析等过程，保证物理几何、功能、规则等各位模型与其所刻画的感知层的基础设施、设备实际物理对象的一致性，以指导对同一实际物理对象状态采集数据的集成工作。通过数字孪生模型，指导市政基础设施物联网云平台的搭建，来具体实施对市政基础设施“神经网络”的数据采集，以完成城市设施孪生数据的集成工作。通过“神经末梢”对各项市政基础设施采集的数据有规模海量、多源异构、多维多尺度等大数据特征，实现数字孪生“虚实交互”环境下的一体化数据集成和融合。数据融合指针对同一实际物理对象所采集的相关数据，进行生成、清洗、关联、聚类、挖掘、迭代、演化、融合等操作，真实地刻画和反映其实际运行状态、行为或功能、演化规律和统计学特征等孪生数据维护工作。这是实现数字孪生市政基础设施环境的基础性工作。因此，数字孪生市政基础设施物联网云平台实际上发挥了一个“神经中枢”的作用。

四是通过城市应用云平台支撑各城市功能领域细化的智慧城市应用的大数据汇聚和存储加工工作，并且根据业务的需求实现智慧城市应用和城市孪生数据的融合工作，以高质量的城市孪生数据支撑各个城市管理和运营，以及市民服务领域对认知“真实城市面貌和环境”的大数据应用需求。通过智慧城市应用和城市孪生数据的融合工作所建构的一体化的信息空间，智慧城市每个功能领域（教育、医疗、公安、产业等）与城市的其他资源能够进行良好的业务互动并协同工作，从而更好地整合资源，为政府和市民服务，让智慧城市各项应用成为真正的“城市大脑”里具有自主学习能力的人工智能应用。

从城市生活的角度看，城市市政各项基础设施是城市正常运行和健康发展的物理环境基础，对于改善人居环境、增强城市综合承载能力、提高城市运行效率、稳步推进新型城镇化具有重要作用，是直接关系到市民城市生活体验的基础要素，将直接影响老百姓对高品质城市生活的获得感。因此，城市市政各项基础设施应用5G网络实现互联以实时获取物理实体运行状态，再以数字孪生方式建构一个实时体现“真实城市面貌和环境”的信息空间，既能解决我国当前快速城市化进程中由于信息盲区存在的很多问题，又能为未来的城市发展方向奠定基础，而且由于所有城市的市政基础设施基本上是同质的，这样的技术发展路线也具备易推广、易复制的优势。

而对于5G的商用推广来说，城市毫无疑问是主阵地，所以智慧城市也必然是体现5G经济价值的主战场。

第五章 5G BIG TIMES

转型，从数字化变革开始

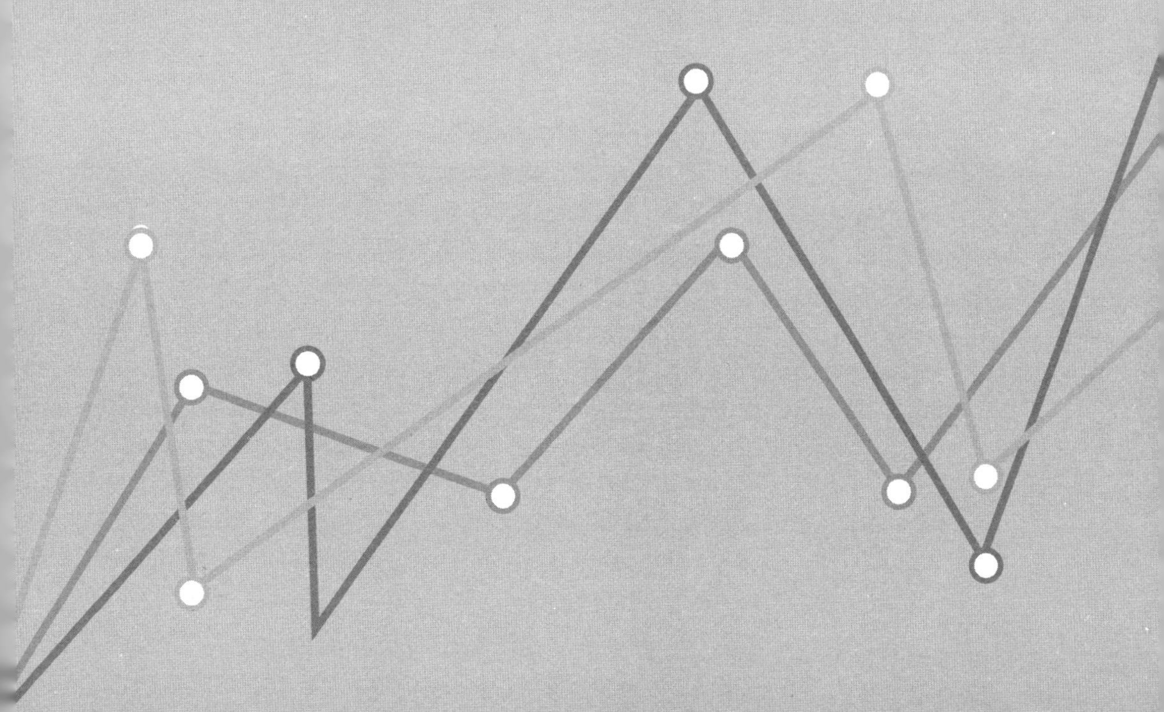

5G浪潮裂变大数据经济

近几年，大数据产业的地位日渐提高，甚至被誉为“21世纪金矿”。有预测显示，我国大数据产业规模达168亿元，并保持着年均约40%的增速继续发展。大数据产业发展的基础要素之一就是以5G为代表的移动通信技术的快速发展。5G新技术会给大数据带来什么变化，又有什么独特影响呢？这些是所有关心5G发展的人们最迫切想要了解的问题了。

中国工程院院士邬贺铨认为，现在人类社会已经进入了“大智移云”时代，大数据、人工智能、移动互联网与云计算的结合必将改变世界。5G带来的不只是更宽的宽带、更高的速率，未来5G主要用于工业领域解决产业升级与发展问题。海量的联网终端意味着海量的数据，可以说5G引导了大数据的发展，大数据则给5G提供了广阔的发展平台。在这个信息和技术爆炸的时代，我们用技术将海量信息的价值最大化，同时也促进了信息技术本身的进步，而在这个循环上升的过程中，我们看到了人类信息科技发展的方向。

传统工业经济中，企业、个人、政府构成市场主体。形成经济发展格局的关键在于交易成本和围绕交易活动的相关市场信息的搜集与流通。基本的经济增长理论中，企业和个人是最为重要的市场主体，资本和劳动是最为核心的生产要素。交易成本的大小决定了企业的边界，而市场信息的搜集情况决定了价格机制的形成，市场信息流通反映要素流动速度。

新经济时代，大数据搜集难度大幅度下降，基于市场信息搜集与应用的大数据经济规模也日益凸显，赋予原有市场主体新的内涵。传统经济中，由于信息不对称，企业与企业之间、企业和个人之间存在很高的交易成本。正是这些交易成本的存在，决定了企业的边界，也决定了产品差异定价的程度。我们说传统经济学是稀缺经济学，很大程度就是源于在市场主体中占信息优势地位的企业故意利用市场信息不对称制造稀缺效应，从而达到控制产品定价权的意图。

新经济时代，企业之间的交易成本大幅度下降，严重冲击了传统的企业边界。这种现象对交易的发生产生了三个方面的影响，即分配效应、福利效应和颠覆效应。

第一个方面，大数据降低了现有交易的成本及交易匹配的成本，促进了现有交易的发生，体现交易主体之间的收益再分配，此为分配效应。

第二个方面，大数据降低了交易发生的信息门槛，降低了消费者的市场信息搜寻成本。大数据的应用匹配了大量的新交易，创造了大量原本没有发生的交易，改进了资源配置效率，此为福利效应。

第三个方面，大数据本身已经成为一个具有巨大商业价值潜力的生产力要素，越来越多产品的信息属性拥有比其物质或者功能属性更大的定价影响力。在丰富并且不会因为使用而损耗的信息资源面前，物质层面的稀缺效应已经不能提供产品给用户和企业，带来更多的剩余价值。越来越多的企业为了获得大数据资源，甚至可以采用免费的交易模式，这在传统经济中是不可能出现的情况。从消费者的角度看，大数据经济所代表的新市场是一个有着多样化选择的新大陆，在这里，传统的稀缺经济学完全失灵，取而代之的是颠覆性的丰饶经济学。

在这三方面效应相互结合发挥作用的大数据新经济中，企业的边界在不断发生变化，企业内部、企业之间、企业和个人之间的生产分工及协作模式更加多样化，以市场信息搜集和匹配为主要职能的公司企业开始大量出现，并发挥越来越重要的经济作用。在数字经济中，大量轻资本的新创企业不断涌现，这些企业起步资产规模非常小，员工团队规模也非常小，但数字化程度很高，利用互联网可以在短时间内积累规模巨大的客户群体，它们掌握的信息、知识含金量和产值也非常高，产品创新能力非常强。这些企业已经很难用传统的资本产出率或劳动产出率来衡量其生产效率，它们在经济增长中发挥着越来越大的作用。

大数据的经济属性不需赘言，但大数据的经济价值必须在落地应用中才能释放出来，如何解决大数据的落地应用问题是摆在诸多大数据从业者面前的一道难题。从经济角度来讲，大数据积累不是目的，大数据应用才是目的。如果一个新事物没有实际应用和产生持续的商业价值，那势必要被时代所淘汰。大数据与实体经济结合，促进应用落地是大数据的未来方向。

回顾大数据的发展历史，以4G和Wi-Fi代表的数字移动通信技术的发展，解决了大规模数据自动采集点和业务需求有效结合的问题，特别是产品制造过程数据、服务交付过程数据的采集和实时传递都需要移动通信网络的支持。

对于产品制造型企业来说，工业生产过程中，装备、物料及产品加工过程的工况状态参数、环境参数等与生产相关的数据，可以通过移动物联网实时传递。在目前智能装备大量应用的情况下，此类数据规模增长速度很快，很快就能成为工业大数据应用最坚实的基础。

对于服务交付型企业，通过移动互联网和智能手机，把各种服务业务界面打造成App提供给广大的终端消费者，业务开展的过程同时就是大数据自动采集的过程。

我们可以清晰地看到，大数据经济如火如荼地发展离不开和实体经济的深度融合，推动实际经济的业务数据化将成为大数据经济发展的主要形式，这种虚实结合的业务场景需要更快、更大容量的数据通信传输技术。4G虽然给人人互联带来很好的体验，可是对于现在智能制造所依赖的物物互联和人物互联的海量数据传输需求来说，明显力不从心，5G技术应运而生。5G技术相比4G技术速度更快，传输体量也更大，将会成为日后的主要通信方式之一。越来越多的大数据应用落地急切需要5G的参与，5G一方面丰富数据采集渠道，另一方面全面促进基于混合现实（VR/AR）的数据分析技术的发展和应用，推动实时信息流处理技术的发展。可以说，5G将为大数据应用提供新的发展空间和落地支撑。

如果我们说4G所代表的移动通信技术促成了“互联网+传统产业”的化学反应，那么5G浪潮所推动的毫无疑问是“万物互联网+智能产业”的原子裂变反应。我们对于4G时代的大数据经济发展还是可以做出很多符合我们传统经验的分析和判断，并且做出合理的预测，可裂变下的5G时代经济发展的激烈程度很可能远远超出我们的想象。5G浪潮的冲击力远远大于之前的4G，我们从美国对5G的反应就可以看出一些端倪。美国不惜以国家之力去压制和阻击一家中国企业（华为）的发展，因为这家中国企业掌握了5G发展的技术领先优势。

Gartner（高德纳咨询公司）预测，到2020年超过半数的新业务流程将和物联网融合。5G让物联网成为一种泛在的基础设施，即使不用面对终端消费者的“专门”行业，也不得不为了和上下游合作伙伴协同而使用工业互联网，从而成为大数据经济循环的一分子。因此，对于广大中国企业来说，伴随这次5G浪潮席卷而来的行业重新洗牌和剧烈动荡在未来几年内会陆续上演。5G仿佛就是大数据经济“原子弹裂变核爆”的引信，所有市场主体都要经历一次新时代的蜕变。

构建未来的大数据思维

思维是人类认识世界的方式和手段，正如恩格斯所言，“每一个时代的理论思维，都是一种历史的产物”。5G时代的万物互联让物理空间和大数据所建构的信息空间更加紧密地融合，大大加深了人类对客观世界认识的广度和深度，从而进入了哲学家卡尔·波普尔（Karl Popper）所提出的第三世界即“客观知识世界”时代。这是一个以大数据为主导的“新智能技术”（Intelligent Technology）时代，我们又需要怎样的思维和信念呢？

如果说在“第一世界”（指包括地球在内的全部宇宙自然界）时代，人类追求的是一种神圣的“上帝认可”，期盼“天人合一”，否则心中不安。在“第二世界”（指人的精神世界）时代，现代科学体系自文艺复兴确立以后，人们的追求为体现科学精神的

“理性认可”和“知行合一”。而今天，物联网、大数据、人工智能等新智能技术唤醒了人们对个性化、针对性、瞬时有效性的兴趣与关注，导致具有局部和暂时有效性的“关联认可”，特别是“数据关联”的思维与相应的数据分析、数据挖掘和机器学习等方法和技术的崛起。

德国国家工程院、亚琛RWTH工业大学、德国人工智能研究中心DFKI和弗朗恩霍夫研究院等几家机构联合推出的《工业4.0成熟度》报告的观点为：“今天我们每个人都可以通过应用先进技术获得更广泛的数据，但能否有效利用数据释放价值，完全取决于我们的思维和信念。”任何思维变革都是从内而外的，联系《工业4.0成熟度》报告中的观点，没有思维层面的有效指引，先进的技术和工具并不能真正地释放大数据的价值。

笔者认为大数据在思维层面体现了人类对外部世界各种事物的认知、洞察和反映，人类思维和大数据技术的结合会大大拓展人类对“客观知识世界”的认知能力和适应能力，人类需要越来越习惯更多地“让数据说话”的思维方式，相信数据、尊重数据也就成为符合大数据思维要求的表现。我们可以看到，不管具体的大数据用法和应用场景如何千变万化，本质上都是服务于参与方的思维沟通和行为协同，基于数据的协作思维和在协作中对“数据关联”的价值认同是基础。

大数据应用中涉及的各种数字化方法手段，突破传统物理时空的各种局限，实现更大范围、更高价值的合作关系。今天的信息技术已经让互联互通的门槛变得很低了，先进技术可以获得更广泛的数据，但对数据的利用效率，能否有效释放大数据的价值，完全取决于企业的组织结构和文化。

我们在已有的大数据应用中已经发现，涉及大数据采集、大数据存储、大数据治理、大数据运营等各种具体应用场景，由于组织业务活动的差异性，需求是不一样的。没有两个大数据应用的场景是完全相同的，大数据的应用需要很多具体的技术支撑，例如，传感器物联网等数据采集技术、分布式计算、分布文件/数据库技术、云计算技术，SOA、数据分析、数据挖掘、数据查询等商业智能技术、元数据管理、主数据管理、数据标准化管理、各种数据访问接口、数据中台技术、知识图谱、机器学习等人工智能技术。生搬硬套、盲目复制他人的方式是不可能取得成功的，最后只能使大量类似的投资变成无用的技术摆设，并不能发挥出创新、推动变革的作用。

诚如人工智能杰出开拓者尼尔斯·尼尔森教授在其《理解信念：人工智能的科学理解》一书中所指出的：“无论柏拉图是怎么想的，我们的思维都无法直接通向永恒的真理。”我们利用大数据去追求“数据关联认可”的思维和信念，并不能直接通向永恒的真理，但不可否认的是，我们在日常工作和生活的很多场景中，却能有效地解决很多问题，或者获得高效的创新启示。

5G时代，反映客观事实的数据越来越多，我们通过数据手段一方面可以实事求是地做好各方面的判断和决策，另一方面可以依赖这些数据资源所建构的“客观知识世界”以非常低的试错成本去验证我们各种想法和创意的可行性，从而更高效地支持我们发挥想象力去创新、创造。正因为5G时代我们的生存和发展都会越来越依赖大数据，所以全面和深入地理解大数据也是这个新时代的必修课。

大数据革命与数字化转型

自从2011年麦肯锡的报告提出大数据概念并被广泛接受以来，大数据的革命特性正在日益显现。4G时代，智能手机普及，人人互联。今天我们不但看到大数据借助“互联网+”在传统的三大产业经济领域广泛渗透，还看到大数据正在模糊传统的产业边界，让越来越多的市场主体显现出了在三大产业都有涉猎、融合发展的新型产业形态。而到了5G时代，万物互联将产生更多、更广泛的生产力要素、复杂的生产关系和背景环境数据，以支撑各项业务活动高效协同运作，业务数据化将成为各行各业生产活动中的基本要素。企业家如果不能穿透现象把握本质，看到大数据革命发生背后的历史规律和必然走向，推动组织完成适应性的变革，则很可能成为这场革命的落伍者而被淘汰。

生产力决定生产关系是马克思的基本观点。马克思指出："社会的物质生产力发展到一定阶段，便同它们一直在其中运动的现存生产关系或财产关系发生矛盾。于是这些关系便由生产力的发展形式变成生产力的桎梏，那时社会革命的时代就到来了，随着经济基础的变更，全部庞大的上层建筑也或慢或快地发生变革。"今天正在经历全球性的第四次工业革命，马克思的这些观点并没有过时，只是在今天和平发展和人类命运共同体的理念下，通过包括大数据、人工智能等科技的推动，在从解构原有生产关系、促进生产力发展的角度重新建构新的生产关系，我们要理解大数据革命，就要理解社会革命最深刻的根源在于生产力和生产关系之间的矛盾。

第一次工业革命以来，人是生产力中最革命、最活跃的因素，人决定了上层建筑的制度及体制机制，而我们分析互联网时代之前的生产力和生产关系中所强调的人都是属于生产者范畴的，消费者并不会被认为是生产力和生产关系中的组成部分。诺贝尔经济学奖得主科斯提出的交易成本理论的根本论点在于对企业的本质加以解释，由于经济体系中企业的专业分工与市场价格形成机制运作，产生了专业分工的现象，但是由于使用市场价格形成机制的成本相对偏高，企业机制便应运而生，它是人类追求经济效率所形成的组织体。显然，这样形成的企业机制是不可能把消费者看成自己生产组织体内的一分子的，一直到今天仍然大行其道的企业管理理论和实践，都不会把消费者看成生产力和生产关系的一部分。

自20世纪80年代以来，信息技术在企业中的广泛应用就已经逐渐让信息资源取代人，成为生产力中最革命、最活跃的因素，特别是近20年以来，事实上互联网已经成为新产业革命的温床，大数据已经成为改造传统生产关系的手术刀，而大数据能发挥改造旧社会、建构新世界的有力武器的作用，正是得益于互联网上广大消费者的参与和推动。今天互联网上流转的大量数据，正是广大消费者贡献出来的，代表消费者的点评和口碑比企业广告有更大的话语权。这种从B2C到C2B的经济话语权逆转，让更多消费者能够并且热衷于参与所需要产品的生产活动，成为生产力和生产关系中不能不考虑的因素，而这种因素恰恰只能通过在互联网中所流转的信息资源——大数据——表现出来。

从上面的分析中我们可以看到，让生产活动回归到围绕消费需求来抓住并组织这个商业源头，信息资源是推动供需融合的黏合剂。当基于信息的按需生产成为常态，信息资源也就能直接转变成商业能量。如果我们过去认为数字世界是虚拟的，而未来的数据世界与物理世界的高度融合，以虚造实、以虚优实、以虚促实，今天大数据表达出来的革命性恰恰是新时代生产力决定新生产关系的必然要求。大数据革命已经在进行，今天企业组织的数字化转型工作已经迫在眉睫。

数字化转型势在必行

尼古拉斯·尼葛洛庞帝在1995年做了一个关于“数字化生存”的著名预言，虽然今天我们还不能准确测算出数字化对各项社会活动的影响是否已经达到或者超过90%，但是我们的生活越来越数字化已经是一个不争的事实。当今世界正在发生和已经发生的众多社会经济和产业变革都伴随着数字化的身影，这也是一个不争的时代趋势。那么，今天到底应该如何正确认识数字化转型？数字化转型能不能缓一缓？数字化转型要做什么工作呢？这些问题摆在广大的中国企业家面前，亟待解决。

世界性的产业革命正在进行，对于中国企业来说，这几年是机遇期与风险期的叠加。在急剧发展变化的国内外宏观市场环境中，企业要实现转型升级和动能转换，企业家面临商业模式、管理模式、资本模式和思维模式的转换，我们今天要准确理解数字化转型，也必须结合这个决定企业生死存亡关头的时代要求来考虑。数字化离不开信息技术，信息技术被公认为第三次工业革命的推手，而事实上今天所强调的数字化转型也是要以第三次工业革命中的工业化与信息化融合工作为基础才能开展的，不过这第四次工业革命中的数字化转型需求已经明显不同于我们对于传统企业信息化工作的认知了，如果仍然沿用老的企业信息化工作经验和观念来应对新时代涌现的数字化要求，明显已经不合时宜了，甚至很有可能成为新的发展瓶颈。

数字化转型和企业信息化最本质的区别就是“转型”二字。不可否认，传统的企业信息化也是企业数字化进程的一个发展阶段，但是过去绝大多数的企业信息化项目和企业转型的关系是并不明显的。笔者反思多年以来所参与的众多企业信息化项目，即使是面向战略决策层的数据仓库和商业智能项目，也并没有从根本上改变企业家的管理模式和思维模式，更不要说企业的商业模式和资本模式了。所以，大部分的信息化项目并不是站在推动企业转型和变革的角度提出来的，落到具体建设的信息系统功能需求，很自然就成为依据当前企业组织的各种业务活动这个葫芦来画出信息处理功能的瓢。这样做出来的信息系统往往很容易成为当前业务活动中手工信息处理环节的翻版，信息系统投产后，原来企业怎么管、领导怎么想和业务怎么做没太大改变，就是执行层的员工增多了很多需要采集和录入数据的工作。

4G时代的智能手机App是让消费者在推动生产者跟上新信息技术的发展方面提出要求，那么5G时代将在此基础上由物联网和工业互联网中的各种具备智能化能力的生产力要素，推动所有参与生产的协同单位完成适应智能化生产的转型升级。

从这个角度我们就能很好地理解为什么企业需要如此迫切地进行数字化转型，并且也应该能明确数字化转型要做什么了。数字化转型意味着企业需要全新的战略，对此需要在两个维度进行考量：

第一，传统的企业信息化项目必须以获取和分析业已明确的用户需求为输入前提，既然是全新战略，起步阶段用户需求不清楚、不明确是很正常的，传统软件工程的需求方法和理论就必然失效了，要在摸索中进行。

第二，传统企业的运行模式是基于组织分工进行产品生产或者服务供给的，传统企业的产品价值链也是在明确的组织边界之内或者最多延伸到供应链的上下游企业，因此企业数据价值链也仅仅囿于自主可控的组织内部或者上下游企业之间，一般来说是回避其他外部数据和外部需求的，这样只能做出“自己人”才能使用的系统。

由此我们可以得到一个确定的判断，企业有效的数字化转型，必然需要从战略层面的创新和变革要求来导入，需要让产品和服务在全生命周期都能直接对接终端消费者的需求，从消费者的想法和用户体验的角度重新塑造产品生产或者服务供给的价值网络。因此需要数据的价值链延伸到更大范围的用户和更多的上下游合作伙伴，对从物联网和工业互联网中流转过来的大数据做出适合的生产活动安排。

数字化战略与转型路径

4G以来，数字经济如大海般波涛汹涌，衣食住行、吃喝玩乐、购物、金融各种生活需求全都可以在智能手机上找到相应的信息服务。现在的消费者鲜有不上网的了，消费侧的数字化应用领先并且反过来刺激供给侧改革是当前数字经济的基本格局，作为供给侧的每一个企业，乃至于政府机构社会团体在内的各种类型依靠业务职能而存在的组织，事实上都已经完全处于一个VUCA[易变（volatility）、不确定性（uncertainty）、复杂（complexity）、模糊（ambiguity）]的数字经济市场环境中。在这种大环境下，企业试图找到一个稳定的蓝海战略来维持生存是不合时宜的，所谓的蓝海只是暂时的避风港，只要某个领域或者商业模式有利可图，资本和众多跟风者就会借互联网大数据等数字技术的跨界渗透能力快速跟进，迅速把蓝海变成红海。因此，企业组织只有持续创新、快速变革，不断对变化中的各种情况做出快速的反应并及时适应，才能保存组织在数字经济海洋中的存在价值。未来企业之间的竞争，归根结底是变革能力和变革效率的竞争。

《孙子兵法》云："胜兵先胜而后求战。"商场如战场，而这就是企业战略应有的角色。事实上，今天很多商业界的企业家是忽视战略的，或者说缺乏科学的战略管理。数量庞大的小微企业，更加视企业战略和商业模式为高贵而无用的摆设，敬而远之，避而不谈。不可否认，互联网普及之前供需信息不对称维持相对稳定的市场格局，让绝大部分传统企业处在各自安稳的自留地里面。而今天数字经济时代，企业需要在已经VUCA的市场环境里采取"红海行动"，需要持续不断地根据外部环境的变化调整战略、设计业务，战略管理和业务设计能力成为新时代企业领导者的重要能力，摆在各级管理者面前的共同命题是：如何有效地推动企业的数字化战略，并且在数字化转型道路中动态地、随机应变地、创造性地设计业务，适应数字经济环境。

就像宿命般的深秋落叶，传统企业在当今的数字经济大潮中，或早或晚，都无可避免地踏上数字化转型之路。"数字化战略转型转什么"是传统企业战略中最关键的问题。不同行业，相同行业内不同企业，企业的不同发展阶段，答案都有差异。对于企业，数字化转型的目的最终还是回归到企业的生存与发展。为了生存，要持续提高效率与效益；为了发展，需要新方向的探索，一句老话，就是实现“开源节流”。“开源”对应客户营销、客户体验、新业务模式的探索领域；“节流”指企业运营效率的最大化，覆盖资源获取与分配、产品设计与生产、原料与产品供应链、经营管理等运营领域。因此，数字化战略可以从“开源”“节流”两个维度来分析企业业务的创新与变革，发现其中的数字化转型机会。

从“开源”维度看，围绕企业在市场中吸引客户的价值主张（产品）来稳定和提高企业的市场影响力，数字化对于企业价值主张和业务的提升程度可以依次分为改善、扩展、颠覆三个阶段。

改善：数字化致力于改善客户体验，吸引新客户和留存老顾客，例如实现客户多渠道一致性的体验、预约排队数字化、产品交付过程透明，提供便捷的客户自助服务等。

扩展：扩展销售渠道和营销方式，增加新的收入来源，例如增加数字化渠道、数字化精准营销等。

颠覆：实施新业态新模式，主动颠覆行业传统市场格局，例如发挥企业在行业中的龙头地位，构建生态平台，各方协同共赢，实现平台的价值。

从“节流”维度看，应需而变的灵活性对企业的经营效率和运营能力提出更高的要求，数字化对于企业运营的优化程度分为局部优化、规模化、整体协同。

局部优化：在企业价值链中，某个业务智能领域通过数字化提高人员效率、设备效率、能源效率、资源效率等，例如生产机器人和自动化机床、设备预测性维护、仓库自动导引运输车（AGV）等。

规模化（企业级优化）：实现跨流程、跨部门的优化，例如生产计划优化、能源计划优化、库存计划优化等。

整体协同（行业级优化）：在社会化价值网络里实现产业协同，例如数字化供应链与企业非核心业务职能的业务流程外包（BPO）。

我们通过“开源”“节流”两个方面，可以具体分析每个企业在数字经济时代的转型需要转什么，从而明确数字化战略要做什么，要怎么走。作为数字化组织基础设施的建设者，企业IT工作也需要转型，由图5-1企业IT部门定位、职能和技能要求的发展趋势来看，这时候IT部门将担任企业数字化战略转型的推动者以及业务赋能者的角色，是企业数字化组织的重要组成，其职能定位、技能要求、考核体系都将发生转变。

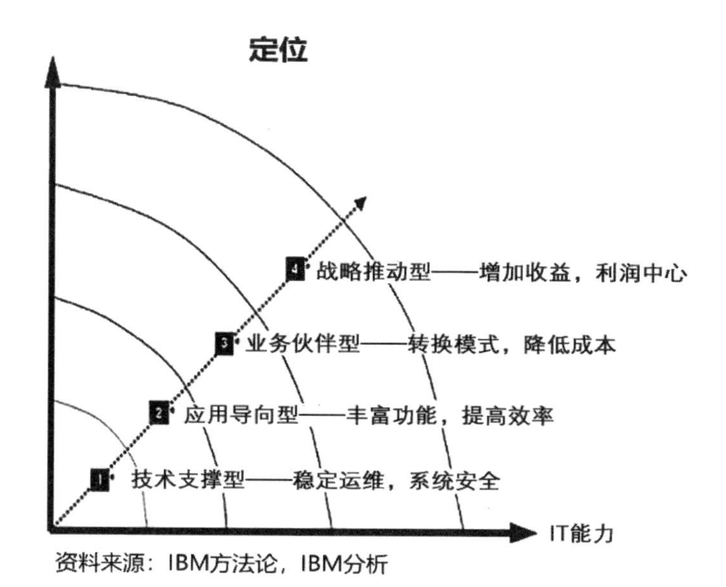

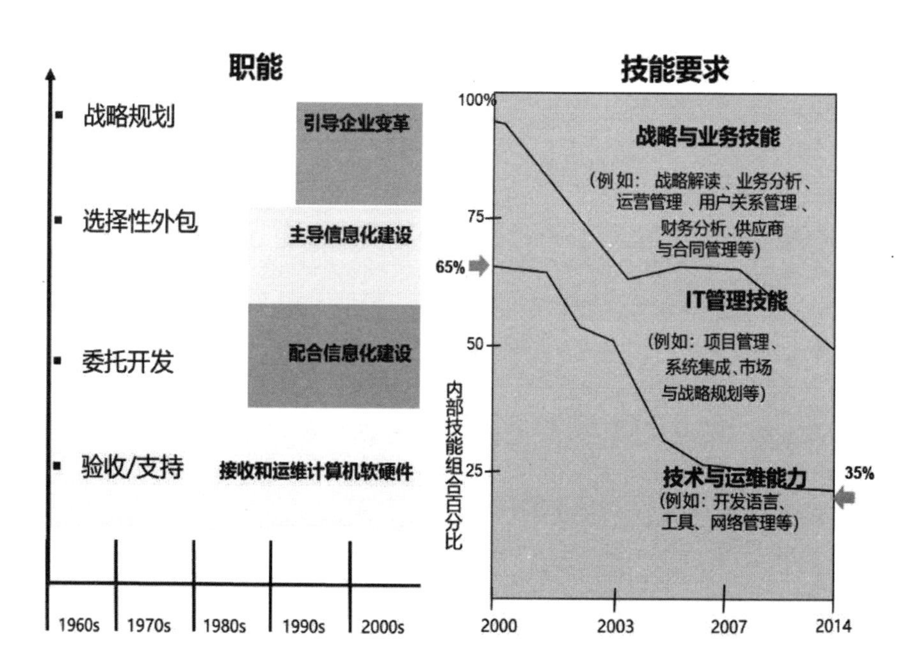

图5-1　企业IT部门定位、职能和技能要求的发展趋势

回顾企业IT的发展历程，我们可以看到随着IT技术在企业发展过程中所发挥的作用越来越明显，企业的IT部门也逐步从做一些技术支撑工作提升为自主可控的定制化应用开发主导。随着企业数字化战略的逐步推进，企业IT部门的责任定位和职能范围也越来越向业务和战略层面靠拢，当然对于工作技能也提出了新的要求，我们可以这样说，现在四流的企业IT部门是做技术维修的，三流的IT部门是做开发的，二流的IT部门是做业务的，一流的IT部门是做战略的。随着职能定位的提升，企业IT部门的技能要求中，纯技术工作的比例在不断降低（当然这并不代表技术水平要求降低了），而引导企业变革所需要的战略和业务相关技能对于企业IT部门来说显得越来越重要。如果企业的IT部门不能准确把握企业发展战略要求，甚至对于本企业的业务相关知识也没有完全掌握，其技术工作就很难建立和企业战略发展要求清晰的关联，难以发挥战略发展促进者的作用。

从企业数字化转型要求和IT部门自身发展的角度看，必须对企业IT部门的职能重新定义，为了确保企业可以自主可控地完成数字化转型工作，企业IT部门应该把工作重点聚焦在规划和管理这些核心职能上，而当前大多数企业IT部门恰恰缺乏这方面的战略规划和管理能力。

尽管“大数据是资产和核心竞争力”的概念已经被广为接受，但笔者观察到，对大多数传统企业而言，“如何制定数字化战略”“如何选择数字化转型路径”在业界仍然缺少成熟理论和工具手段供他们参考。笔者结合自己近25年企业信息化一线经验和近七八年在移动互联网环境下的IT战略咨询工作经验，运用互联网大数据思维进行了一些独创性的思考和探究。结合自身经验和理解，同时也参考了业界领先实践，笔者提出了基于企业大数据的数字化战略转型方法论，这个方法论可以简单总结为以下四步：

第一步：数字化商业模式设计；

第二步：数字化价值链顶层设计；

第三步：数字化组织和业务架构顶层设计；

第四步：数字化转型路径设计。

笔者所提出的企业大数据资产管理方法论，是在继承传统企业数据管理技术的基础上，运用互联网大数据的商业思维、业务方法、经营思路，以如何最大化数据资产的价值为目标，建构一个企业经营大数据资产获得价值的“商业模式”，进而通过价值链分析的方法形成一个可以落地执行的“企业大数据资产经营管理业务架构”（如图5-2所示）。

数字化商业模式简单来说就是企业要把数据当重要资本来经营的生意，以此从价值主张、用户细分、用户关系、渠道通路、关键业务、核心资源、重要伙伴、成本结构、收入来源九个商业要素做全方位的数字化赋能，笔者这里给出的可以作为各企业制定具体数字化商业模式的数字化战略参考。

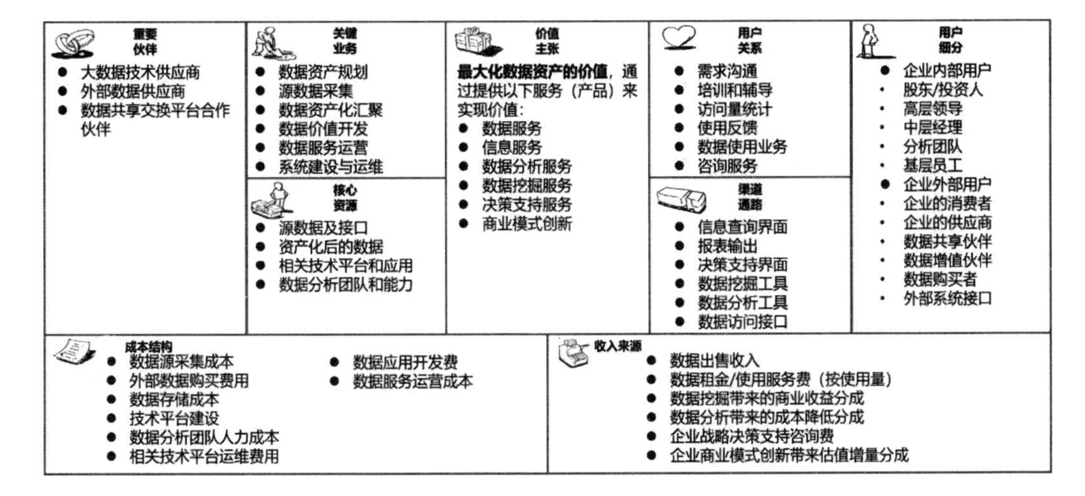

图5-2　企业大数据资产经营管理业务架构

数字化商业模式明确了之后，具体的数字化转型工作需要设计数据从采集到运营的整个过程，以实现价值输出，一般经过下面四个基本环节：

1.数据源接口环节；

2. 数据资产化存储环节；

3. 数据价值化开发环节；

4. 数据服务化运营环节。

以上环节从源头到运营形成了一条围绕数据资产的价值创造的链条，和传统企业生产商品的价值链一样，除了这些基本活动之外，还需要有以下支持性活动：

1.数据治理；

2. 数据资产经营管理；

3. 数据战略规划。

从数字化价值链顶层设计的基础上再进一步细化，运用IBM的业务组件化模型（Component Business Model，CBM），就可以进一步细化成一些具体的数字化业务能力定义。借助CBM，对落地数字化战略的业务能力进行组件化的定义和划分，作为后续数字系统建设需求分析、数字化组织和业务流程设计的起点。

CBM的顶层架构是一个二维结构，横向是业务能力域，每一列都是价值链中的一环，是具备相同价值目标和业务特点的一组或一类活动；纵向是责任层次按照各业务模块活动成果影响的范围进行划分。CBM将业务模块划分为引导、控制与执行三层：

1.引导层代表战略层面的决策；

2.控制层用来监控活动，管理检查，负责做具体业务活动（执行）过程中战术层面的决策；

3.执行层代表每一项具体的业务活动的执行环节。

业务能力按责任层次再进一步细分就形成业务组件的定义，而每个业务组件包含了直接指导业务执行和系统建设的细节要求描述：

1.一组相关可以重复执行的业务活动；

2.有清晰的业务边界，对组件内的业务活动能进行高效执行和闭环管理；

3.在适宜的人员、流程、技术能力、信息系统和数据资源的配合下，可以相对独立地运作；

4.可以提炼出一组反映活动中业务能力水平的关键业务/绩效指标（KPI）。

我们可以把CBM看成一个具体承接战略的业务能力识别工具，制定的战略是通过具体的业务能力来推行的，没有能力落地的战略就是空中楼阁，毫无意义。企业是由具体的人、事、物、环境等商业要素组成的，业务能力正是这些具体的要素通过组织所开展的各项业务活动完成具体的工作任务而体现出来的组织合力，而组织共同的目标也通过这些工作转化成切实的商业价值成果。CBM可以科学地把战略分解成可具体执行的业务框架，以此帮助企业领导人把战略目标和实施路径清晰地勾勒出来，从而成为有效指挥组织在商场中打胜仗的作战地图。可以想象，现代战场上，如果统帅在没有地图的情况下指挥千军万马投入战斗，几乎没有任何胜算，商场也是同样的道理。

由于每个企业发展道路的独特性，没有放之四海而皆准的数字化战略和转型路径设计，企业的数字化战略和转型是一个长期而复杂的系统性任务，很多具体的工作是需要结合自身发展轨迹和实际情况进行自主探究、落地设计的，不能生搬硬套所谓最佳实践和成熟方案。

5G时代的企业信息化需求

当美国在2019年频繁对中国5G领导者华为进行干扰和阻挠的时候，越来越多的美国人和中国人都明显感受到了这样一个事实——“5G来到要变天”。众多的中国企业在这个将要变天的节奏下不能岿然不动了，是要好好想想，在5G时代自己的企业信息化该怎么走的问题。笔者这里谈的企业信息化是业界通常的讲法，不是仅仅服务于企业组织，包括政府机构和社会组织在内，由特定组织单位主导建设和使用的信息系统，皆可以归入此类。而互联网公司开发的网站和App等信息系统和本书要谈论的企业信息化在需求层面有巨大的差异，不在本书讨论的范围内。

虽然数字化与信息化存在不同的内涵，但不可否认的是，企业信息化是数字化的基础工作，当前中国在5G起跑上略胜一筹，但我们依然要清晰地认识到，中国企业与美国企业相比，在信息化上还有一定差距。这种落后局面不改变，很多中国企业不但会错失5G时代弯道超车的机会，反而很可能由于信息化发展水平滞后，在越来越开放的市场上遭受灭顶之灾。笔者在这个时间点说出此言并非危言耸听，而是依据自己多年的企业信息化需求分析经验和近几年对互联网大数据发展的冷静思考。

自从2015年中央政府提出“互联网+”行动计划以来，这几年各级政府都在不遗余力地推动企业云。2018年笔者也受邀参与了有关的动员演讲，感受到了政府的决心是很大的，而笔者日常咨询工作中接触的各类企业组织中，很多组织管理者却还没有采取太积极的行动，其中有一个很严重的惯性思维瓶颈，就是被称为“防火墙情结”的企业信息化惯性思维。很多企业的信息化决策者都“不敢”把自家企业的信息系统和数据放在防火墙外的云计算平台，尤其是银行单位，上传公有云普遍还不太敢，虽然可以接受上传私有云，但是也不敢把核心业务系统放上去。当然，企业的担心无可厚非，企业的担心源于一个根深蒂固的传统，就是把自身组织活动看成一个需要围墙保护起来的小天地，有围墙才有安全感。这种砌墙思维不但在企业的组织边界，企业组织内部的部门之间也非常严重，各个部门都把根据各自业务需求建设的信息系统及其数据看成本部门的私有财产，恨不得通通装在黑箱里并多加几把锁。现在中国企业信息化普遍存在的数据烟囱和信息孤岛问题，其根源还是在需求层面的砌墙思想。

问题是，4G带来的智能手机已经是事实上的翻墙神器，倒不是说智能手机成为黑客工具，而是智能手机已经彻底改变了人们使用信息的习惯。随着消费者对企业的生产活动有越来越大的话语权，企业组织的围墙在移动互联网的冲击下已经消融了。随着生产的社会化协同越来越普遍，信息打通和数据共享的需求也逐渐成为企业信息化的主流。今天我们还像20年前那样只服务特定小众用户，只满足这些用户所提出的个别需求，孤立运行的封闭信息系统是不可想象的。特别是政府部门和公共服务机构的数据，开放是常态，不开放才是例外。所以今天我们要建设任何一个企业信息系统，都必须放在一个数据开放的环境下构思和提出其建设需求，砌墙思维无疑成为需求短视的先天障碍。

到了5G时代，大数据是常态，小数据才是例外。如果我们在5G时代搞企业信息化，不放在一个大数据的背景和环境下考虑建设需求，就会犯和古代掩耳盗铃的人同样愚蠢的错误。IT人总说不喜欢重新发明轮子，但今天同一事物的数据重复录入却还是很多企业信息化的常态。笔者这几年做过大量信息系统的专家评审工作，当看到大量例如人的基本信息在每个系统都有千篇一律的人工录入界面就皱眉头，为什么不能在数据采集需求层面大胆创新一下呢？为什么不能在数据接口和数据统筹上主动配合一些呢？这种人工数据采集的需求明显与时代发展潮流脱节的情况还相当普遍地出现，这就不得不引发笔者的忧虑了。

5G时代的上网是极其便利了，5G时代的企业信息化必然要采用彻底互联网化的基础设施，将数据上传云平台应该是常态，不上传才是例外，这些完全异于传统企业信息化自建数据中心或者服务器机房的技术架构也必然会影响到需求。

5G时代的企业信息化在企业方主导需求工作时，迫切需要搞清楚的是，5G时代信息系统的需求有哪些明显异于传统企业信息化的内容。笔者认为最大的不同是在建设目标和定位层面的业务需求，5G时代是任何一个企业都要进行彻底的企业资源数字化和企业思维全面转型的新时代，所有的新建信息系统都必须是在企业数字化转型战略指引或者服务数字化转型战略需要下建设的，战略先行、需求跟上才是正道。传统的企业信息系统的建设实际上很少与企业战略相关联，当然也不太可能给企业带来结构性的变革。

从4G时代的智能手机App开始，消费者开始向生产者、服务者不断地提出自己的需求和想法，刺激生产者、服务者不断更新自己的产品和服务，以满足消费者需求，这个趋势在5G只会更加凸显。笔者将在下文分析三大类“5G+大数据应用”趋势，这些应用趋势会先由数字科技领先的企业挑起，然后在极短时间内铺满整个市场，5G会让消费者以更方便、更便宜、更快速的方式接触和享受这些最先进的数字技术带来的新体验；同样地，对于信息技术落后的企业的抛弃，也只会越来越坚决和快速。

“5G+大数据应用”趋势和场景探讨

4G的网络速度已经很快了，而借助5G技术要实现在4G时代难以完成的“大量、全面、实时、原始”大数据采集和应用处理工作，如果抛开这些大数据应用场景，5G的必要性就体现不出来了。

从1G到4G，我们看到互联网的大部分流量是被以自然人为中心的各种系统用掉了，这些互联网系统的用户都是人，所以一直以来，网络都在解决用户体验方面的问题，人人互联是当前互联网主流的应用场景，在这个应用主流下积累了庞大的用户社交大数据。当前，互联网主流商业模式也是围绕着这些社交大数据做文章，挖掘用户需求，黏住用户互动，变现用户流量。而我们可以看到，这种基于互联网用户社交大数据的应用场景已经到了一个创新的平台期，任何一项提升用户体验的创新还想重现10年前开天辟地的效果已经越来越难，成功的门槛越来越高。

在5G时代，根据工信部部长苗圩的描述，人人互联只占20%的5G流量，其他80%的流量将用于满足人物互联和物物互联，我们顺着这个思路来探讨在5G网络中的应用场景和发展趋势。我们把这些大数据应用场景分成人人互联、人物互联和物物互联三类，当然，在实际应用中，这三类应用是在5G网络上交织在一起的。

首先是人人互联的“5G+大数据应用”，这一类大数据应用可以充分发挥5G的网络性能，让具有面对面体验感的网络交流成为社交新常态，这是什么概念？所谓的8K视频和现在的VR/AR（虚拟现实和增强现实）应用只是初级阶段，现在智能手机所承载的社交功能很可能被眼镜等可穿戴装备配合墙壁等环境设施取代，因为后者会让人和人的沟通交流有更强的现场感。当网络流量不是问题，所有的网络社交活动都可能在听觉、视觉、触觉、嗅觉甚至味觉都参与的情况下进行，这些人类的感知觉都很可能经过数字化转换后通过网络传递而参与交流。现在基于文本的社交大数据分析和挖掘应用自然而然也会被淘汰掉，新的社交大数据应用必须具备自然人一样的感知觉能力，从大量的感知觉数字流中捕捉和提炼关键的人类交流信息。简单来说，社交大数据应用要更知心和贴心。

其次是人物互联的“5G+大数据应用”，这一类大数据应用将覆盖包括智慧城市、远程医疗、智能家居、智慧农业、人机协同的智能制造（区分下面的无人工厂）等广泛需要物联网的场景。在这种应用场景里面，我们把5G看成一个随时随地无限制、无限量使用的私人Wi-Fi，我们可以通过网络远程控制的物品就可以迈出自己的家门。我们可以想象一下，未来我们佛山某个农产品企业很可能把远在非洲某一块肥沃的土地变成远程农场，而绝大部分农场的工作人员还是在佛山的办公室打理农场的各种事情，仿佛农场就在自家门口。

最后就是物物互联的“5G+大数据应用”。无人工厂、无人驾驶智慧交通、自然环境保护等根本不需要有人参与的应用场景，就完全交给“5G+人工智能”好了。特别是智能制造，这是第四次工业革命全球各国共同的追求。智能制造是基于新一代信息通信技术与先进制造技术深度融合，贯穿于设计、生产、管理、服务等制造活动的各个环节，是具有自感知、自学习、自决策、自执行、自适应等功能的新型生产方式。人工智能本质上还是数据完全驱动所有生产活动，让各种通过包括5G在内的各种物联网技术联结起来的物理要素能自动投入协同运作。第四次工业革命要求所有不需要人参与的重复性和机械性的工作都交给这些数据驱动的人工智能系统，甚至将来很多政府的职能都可以转移给人工智能系统。数字政府可以依靠应用5G和人工智能来解决基础的社会问题，让很多社会公共事务以人物互联和物物互联的政务大数据应用方式来完成，让政务运作方式彻底公平、公正、公开。当然，这种物物互联的“5G+大数据应用”很可能出现这样一种场景，就是由惯常我们理解的人指挥机器干活转变为机器指挥人干活。机器越来越像人，会不会导致人越来越像机器？甚至会不会出现《鹰眼》这么恐怖的AI系统反过来控制人类？这是需要我们认真思考和努力避免的。

“4G改变生活，5G改变世界”的口号越来越成为现实，所有的改变都要依赖大数据应用场景，5G技术也给大数据应用带来前所未有的机遇和可能，让我们看到更多足以影响乃至于改变世界的应用场景。

第六章 5G BIG TIMES

世界因5G而不同

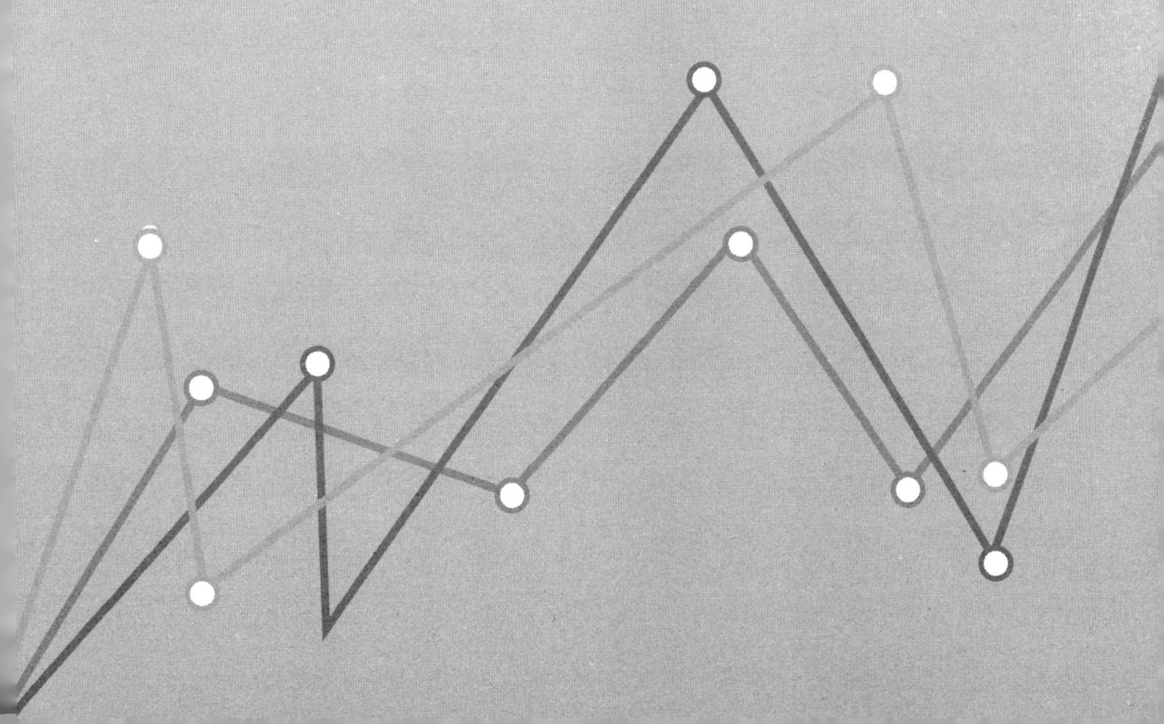

世界各国的5G战略

通信业一直有一个说法：4G改变生活，5G改变社会。5G不仅会带来更高速的网络，还会对智能交通、工业自动化、智慧家庭、社会管理各个方面带来革命性的改变。5G将改变我们的生活和工作方式，从智能手机到自动化车联网，从物联网远程医疗到虚拟现实、工业自动化等，未来的许多创新都将建立在5G上。国与国之间在5G技术上的竞争十分激烈。2019年4月，美国无线通信和互联网协会（CTIA）发布了一份报告，就各国5G部署情况做了详细调查。在这份报告中，中国和美国的5G技术“并列第一”。

全球性的通信标准不仅是一项技术标准，更是关系到产业发展和国家战略。基于PC和互联网的标准，从架构到核心协议此前均由美国来定义，进而导致美国在整个互联网产业占据绝对优势地位，

IBM、英特尔、微软、谷歌等企业成为全球PC和互联网的主导，在影响世界互联网产业发展的同时，也给美国带来了巨大的经济利益。因此，通信标准成为全世界争夺的一个制高点。

在2G时代，为了全面抵抗美国，欧洲各国共同成立GSMA国际组织，共同研发GSM标准，并在欧洲国家推广。加上美国推出的CDMA标准和日本的PHS标准，三大集团在世界最大的移动通信市场——中国展开激烈争夺。中国大规模采用GSM标准后，助力GSM在全球市场获取优势地位，欧洲的爱立信、诺基亚、西门子、阿尔卡特等企业也凭此发展成为通信业巨头。

3G时代，美国在CDMA基础上推出了CDMA2000，欧洲在GSM的基础上推出WCDMA，而中国的TD-SCDMA也第一次登上国际舞台。为了对抗欧洲，美国联合中国推动3G保留三大标准。中国标准的确立，不仅让中国通信业在国际舞台上有了更多发言权，也成功使中国企业成为中国通信设备市场的主导力量。

4G时代，欧洲又联合中国把美国挤出4G标准体系，LTE FDD和TD-LTE成为4G的主导。这个过程中，全世界通信设备制造企业逐渐成为四强争霸，华为、爱立信、诺基亚、中兴各有优势。

作为推动经济社会发展的新能力，5G早已被多个国家上升为国家战略。美国甚至将5G视为确保其全球霸权的基础。为争抢5G全球领先地位，美国甚至动用政治手段封杀、打压有潜力的通信企业。美国制裁中兴、限制华为、拒绝中国移动背后的逻辑都是从5G

入手维护其霸权地位。

经历2G时代的一无所有、3G时代登上舞台、4G时代基本并跑，5G时代，中国的目标已经变为领跑者，这将对中国通信业发展和整个国民经济发展起到巨大的推动作用。不同专家虽着眼点略有不同，但是有一个共同观点，那就是从世界范围来看，中国和美国同处在5G建设部署的第一梯队。未来中国和美国都将是最有能力获取5G全球领先地位的国家。中美间的竞争中，5G是绕不过去的战场。争取5G全球领先，我们的底气到底是什么呢？

我国有14亿的移动电话用户，这是我们争取5G全球领先的市场基础。虽然5G的三大应用场景中人与人通信仅为其中的一部分，但是5G商用起初的应用场景主要围绕人与人通信，用户数量是5G商业化的一个重要基础。4G时代，我国已经建立起了全球最大的4G无线网络，并支撑了国内庞大的移动互联网应用。移动支付、共享单车等已经作为中国的“新四大发明”之二推向全球。基于领先的4G移动互联网应用，我们早已准备好与美国同处全球移动互联网应用第一梯队，而且在向5G转型过程中，我们具备了规模庞大的用户群体，这会成为推动5G应用发展的巨大风口和时代洪流。

在通信网络基础设施建设方面，工业和信息化部的数据显示，截至2019年第一季度末，我国的移动电话基站总数为662万个，其中3G/4G基站占比超过75%。与我国国土面积相差无几的美国拥有的基站总数仅相当于中国的1/10，其中的3G/4G基站仅有不到30万个。虽然美国人口规模仅相当于中国人口1/5左右，但是网络差距却远大于地域面积和人口规模之间的差距。缺乏能够提供泛在连接的网络绝对是美国的硬伤。在我国移动支付等基于网络连接的各种互联网应用，之所以能够全面开花，其中最大的基础就是无处不在的网络覆盖。有统计测算显示，因5G基站的覆盖范围有限，故此所需的基站总数将是4G基站总数的1.2～1.5倍。不管是1.2倍还是1.5倍，我国现有的基站总数就已经足够美国追赶一阵子了。

除了4G基站规模全球第一，尤其值得一提的是，中国光纤宽带网络规模也是全球第一。光纤是5G网络的基础，5G将带来大规模的光纤需求增长，而中国在这方面已经做好了充足的准备。我国的三大运营商建设并维护着全球最大的移动和固定通信网络，用户规模也是全球单一市场中最大的，移动和固定通信网络规模及容量也是全球第一的。在网络强国等一系列国家政策的支持下，我国的网络基础建设和覆盖能力早已傲视全球。另外，随着监管层持续强力推行提速降费政策，运营商的成本管控和精细化运营能力持续提升。当前运营商的通信服务收入已经处于新旧动能转换期，运营商亟须扩展业务边界。5G为运营商提良好的市场发展契机，运营商有资本、有网络、有技术、有队伍，这就为5G商业化运营提供了基础服务支撑能力。

全球目前最大的通信设备制造商共有四个，分别为华为、爱立信、中兴和诺基亚，占据着全球超过80%的市场份额。华为和中兴属于中国企业，爱立信和诺基亚都属于欧洲企业，唯独没有美洲或者美国企业。在专利方面，有公开的统计数据显示，5G核心专利中，华为的占比最高，达到49.5%。美国在5G上的焦躁情绪很大程度上源于缺乏基本的设备产业链支撑。中兴和华为还因为领先的通信设备制造能力而被美国阻挠。但是，即便有美国政府的打压，华为不但没有退缩，反而变得更强大了。华为5G产品线副总裁甘斌在2019年4月初表示，华为已获全球40个商用合同，5G基站全球发货超7万个。华为已经助力韩国运营商LG U+打造目前全球最大的商用5G网络并成功向消费者提供5G业务，并正在全球联合多个运营商加速5G的商用建设。虽然美国在芯片方面仍然独步天下，处于全球领先地位，但是我国的芯片发展速度也相当快，拥有了一定的实力。海思、展锐和中星微电子的实力都已经不容小觑。华为的通信设备芯片和5G终端芯片早已经完成了各种测试并开始了商业化应用。

苹果、三星等终端厂商虽然在终端市场上占据着相当重要的位置，但是华为、小米、OPPO、VIVO等终端厂商都已经取得了举足轻重的地位。2019年4月30日，国际数据公司IDC发布全球一季度智能手机出货量及份额情况。统计数据显示，华为季度出货量已经超过苹果。在整体出货量下滑的情况下，华为和VIVO的出货量却逆势增长。

纵观世界5G的发展水平，东北亚应该会占据领先地位，中、日、韩在技术实力、经济能力上有优势，对5G发展拉动经济也寄予了较大希望。欧洲因为经济发展增速慢，缺少资金，运营商对5G建设的积极性不足。至于美国，虽然特朗普政府非常清楚5G的价值，但美国政府或是电信运营商有多大精力投入5G网络建设，现在尚不明朗。世界其他地区市场规模不够大，就更难超越东北亚和欧美的发展水平。各国政府都已经深刻认识到了5G在国际竞争中的重要作用，各种政策层面的支持也是各有特色。根据2018年11月中国科学院上海微系统与信息技术研究所SIMIT战略研究室发表的《5G调研报告：各国政策及部署简介》报告，我们可以从宏观上对比来看各国的情况。

1. **美国。**虽然美国政府暂时还没有推出具体的5G战略部署，但特朗普在任期间，5G的重要性被不断提升。2017年4月25日，一项总统行政命令要求通过互联网促进美国农业和农村繁荣，特别强调了接入未来稳健高速的5G网络的重要性。2017年6月22日，特朗普主持了一次圆桌会议，与行业领导者讨论包括5G和物联网在内的创新性新技术面临的机遇和挑战。2018年1月8日，特朗普签署了一份要求简化并加快在美国农村地区的联邦国土上设置宽带设施的行政命令，以及一份总统备忘录，指示内政部（DOI）通过增加所拥有的塔台设施和其他资产的接入来支持宽带部署，这两项行政措施将为未来5G网络的部署奠定重要基础。在2020年联邦研发预算指导中，5G无线网络以及更先进的通信网络也已经被列入优先发展事项的前3位。正如2017年美国国家安全战略提出的那样，频谱资源是实现经济活动和保护国家安全的技术能力的关键组成部分。国际形势日益复杂，美国政府已经充分展示出对于5G技术研发、标准确立和产业发展的重视，成为全球5G竞赛中后起却最有力的参赛者之一。

2. **韩国**。2013年6月，韩国未来科学创造部牵头成立了“5G Forum”，并在2014年推出“5G移动通信促进战略”。“5G Forum”成员囊括韩国最重要的设备制造商、运营商、高校和研究机构，开展5G研究及国际合作，是韩国政府支持的最重要的5G研发组织。韩国“5G移动通信促进战略”的目标是，争取在2020年获得全球移动通信设备市场20%的份额，国际标准专利竞争力全球第一。2019年3月，韩国科学与信息技术和通信部还发布“5G时代智能设备生产促进战略”，提出发展基于各种传感器的设备，并应用于5G融合业务，提升国内企业与公共部门智能设备水平。

3. **日本**。2013年10月，日本无线工业及商贸联合会设立了5G研究组“2020 and Beyond AdHoc”，其工作目标是研究2020年及未来移动通信系统概念、基本功能、5G潜在关键技术、基本机构、业务应用和推动国际合作。2016年10月，日本信息通信审议会（总务相的顾问机构）的技术小组开始为5G制定基本战略。2018年7月，日本总务省公布了以21世纪30年代为设想的电波利用战略方案，并提出“Beyond 5G”。在进入到超高速通信标准“5G”之后的时代时，为推动速度达到现有移动通信1000倍以上的通信标准走向实用，日本要确保110GHz（1G=10亿）的频率带宽。日本将推进开发完全自动驾驶和无线输电等新技术，2040年使无线电相关产业的规模扩大到112万亿日元，达到目前的3倍。而再下一代技术的传输容量有望达到5G的10倍以上。

4. 欧盟。2012年9月，欧盟启动"5G NOW"研究课题，面向5G物理层技术进行研究。2012年11月，欧盟正式启动总投资达2700万欧元的大型科研项目METIS，分别对5G的应用场景、空口技术、多天线技术、网络架构、频谱分析、仿真及测试平台等方面进行深入研究。2014年1月，欧盟启动了总投资达14亿欧元的"5G公私合作关系"（5GPPP）项目，并将METIS的主要成果作为重要的研究基础，开展5G关键技术和系统设计的研究，以确保欧盟在移动通信行业的领军地位。

5. 中国。中国政府高度重视5G的战略地位，"十三五"规划中提出的网络强国、制造强国以及信息化发展战略等战略规划中，均对推动5G发展做出了明确部署。《中国制造2025》提出要全面突破第五代移动通信（5G）技术。《中华人民共和国国民经济和社会发展第十三个五年规划纲要》指出，要加快构建高速、移动、安全、泛在的新一代信息基础设施，积极推进5G发展并启动5G商用。《国家信息化发展战略纲要》强调，要积极开展5G技术研发、标准和产业布局，2020年取得突破性进展，2025年建成国际领先的移动通信网络。我国从最高层开始到监管层，再到各地政府，对5G都给予了特别支持。2019年中央经济会议将5G商用列为重点工作之一。根据5G技术的成熟度，监管层适时推出具体的行业支持举措，包括试验频段、5G临时牌照等。国家发改委还向运营商提供了频谱占用费“头三年减免，后三年逐步到位”的优惠政策。各地政府对5G的支持就更加具体，未来5G建设和发展过程中将涉及基站建设用地、用电等一系列具体需求，我们相信从中央到地方将会给出具体支持政策。

有国家和政府的支持，我国在5G产业链中有实力的运营商、设备商、器件商、终端商等摩拳擦掌，誓要在5G的历史舞台上占据重要的一席之地。这些厂商聚集起来的能力将最终构成我国的5G整体实力，争取5G全球领先。

5G与中国智造

作为中国“工业风向标”的年度展会，以“智能、互联——赋能产业新发展”为主题的第21届中国国际工业博览会2019年9月18日在上海举行。在本届展会上，“5G工业互联网”“AI 制造”成为亮点，中国制造升级。

随着美国工业互联网、德国工业4.0及《中国制造2025》等国家层面制造发展战略的提出，智能制造已经成为全球制造业发展的共同趋势和目标。《智能制造发展规划（2016—2020 年）》（工信部联规〔2016〕349号）指出，智能制造是基于新一代信息通信技术与先进制造技术深度融合，贯穿于设计、生产、管理、服务等制造活动的各个环节，具有自感知、自学习、自决策、自执行、自适应等功能的新型生产方式。

信息化革命愈演愈烈，机器设备、人和产品等制造元素不再是独立的个体，它们通过工业物联网紧密联系在一起，实现一个更协调和高效的社会化制造系统。人工智能和制造系统的结合将是必然的，利用机器学习、模式识别、认知分析等算法模型，可以提升工厂控制管理系统的能力，实现更智能化的新型制造方式，使企业在今天竞争激烈的环境获得更好的优势。在智能制造生产场景中，需要机器人有自组织和协同的能力来满足柔性生产要求，智能制造需要设备通过网络连接到云端，基于超高计算能力的平台，并通过大数据和人工智能对生产制造过程进行实时运算控制。企业将大量运算功能和数据存储功能移到云端，会大大降低设备的硬件成本和功耗。

智能制造是使用数字化的知识和信息作为关键生产要素、以现代信息网络作为重要载体、以信息通信技术的有效使用作为重要推动力的一系列制造经济活动和新型生产方式。在制造业数字化转型过程中，各种生产要素都要通过数字化的刻画和表达，生产要素之间的数据要互联互通才能实现高效协同的制造活动，因此机器和人员之间需要进行越来越多的相互通信。传统有线技术限制了这种相互通信的方式，也影响了现有工业技术实现持续改进所需的灵活性。为了满足柔性制造的需求，工业机器人需要满足可自由移动的要求。因此，显而易见，在智能制造生产过程中，需要无线通信网络具备极低时延和高可靠的特征，智能制造过程中工业互联网云平台和工厂生产设施的实时通信，海量传感器和人工智能平台的信息交互，人机界面的高效交互，对通信网络有多样化的需求以及极为苛刻的性能要求，并且需要引入高可靠的无线通信技术。

高可靠无线通信技术在工厂的应用，一方面，生产制造设备无线化通信使得工厂模块化生产和柔性制造成为可能；另一方面，因为无线网络可以使工厂和生产线的建设、改造施工更加便捷，并且通过无线化可减少大量的维护工作，降低成本。

在智能制造自动化控制系统中，通信低时延的应用尤为广泛，比如对环境敏感高精度的生产制造环节、化学危险品生产环节等。智能制造闭环控制系统中传感器（如压力、温度等）获取到的信息需要通过极低时延的网络进行传递，最终数据需要传递到系统的执行器件（如机械臂、电子阀门、加热器等）完成高精度生产作业的控制，并且在整个过程需要网络极高可靠性来确保生产过程安全、高效。数据连接的延迟主要指在传输建立数据连接时发生的延迟，这会影响来自移动设备或传感器的网络响应。在早期无线网络技术中，包括4G和Wi-Fi，这种延迟对于工业实时控制的需求来说时间太长并且不可预测，而有线网络又给各种数据采集传感器和数字化设备的安装部署带来很大的不便。

对于制造业而言，建立物联网的一个挑战将是在室内环境中建立可靠的无线网络，这些环境可能会受到无线电干扰。另一个挑战是频谱的可用性，在相同频谱中操作的公共网络甚至可以为制造过程所依赖的无线信号提供更多的干扰。许多工业物联网系统被设定为私有网络，采用专用光谱和更小的组合可以避免干扰，一些国家可能会将某些频段专门用于工业物联网。

智能制造所强调的社会化协同生产方式，让当今制造活动的协同范围突破传统车间的室内环境，未来数字化工厂中的自动化控制系统和传感系统的工作范围可以是几百平方公里到几万平方公里，甚至可能是跨多个企业的分布式部署。根据生产场景的不同，制造工厂的生产区域内可能有数以万计传感器和执行器需要通信网络的海量连接能力作为支撑。

随着智能制造场景的引入，制造对无线通信网络的需求已经显现。作为新一代移动通信技术，5G技术切合了传统制造企业智能制造转型对无线网络的应用需求，能满足工业环境下设备互联和远程交互需要，5G网络可为高度模块化和柔性的生产系统提供多样化、高质量的通信保障。

新一代无线5G通信具有可靠、响应灵敏的特点，在工业制造过程控制中具有许多优点。5G技术不仅会降低延迟，而且更具可预测性，这意味着工业生产活动中具有时间关键事件的流程可以依靠5G无线数据传输，以及与其他时间关键事件进程通信。例如，在制造过程中，5G无线数据通信可以是用于传送时间关键事件的可靠通信方法。在智能制造的许多方面，5G将成为物联网的推动者，5G连接将使更多数据以更少的延迟进行传输，因此来自工厂传感器的数据采集可以实时流动并具有可控的延迟。

5G网络是实现智能制造理想的通信网络，能够为智能制造生产应用提供端到端定制化的网络支撑，在物联网、工业自动化控制、物流追踪、工业AR、云化机器人等工业应用领域，5G技术起着基础性的支撑作用。5G愿景旨在提高移动无线网络所有关键性能指标，这不仅仅是容量和速度的提高，5G网络将提供更快和更可靠的服务，为物联网、自动驾驶、无线宽带以及更快的视频接收和传输打开新的商机。

智能工厂是5G技术的重要应用场景之一。利用5G网络将生产设备无缝连接，并进一步打通设计、采购、仓储、物流等环节，使生产更加扁平化、定制化、智能化，从而构造一个面向未来的智能制造网络。《中国制造2025》明确提出，“加强工业互联网基础设施建设规划与布局，建设低时延、高可靠、广覆盖的工业互联网”，“全面突破第五代移动通信（5G）技术、核心路由交换技术、超高速大容量智能光传输技术、‘未来网络’核心技术和体系架构”。5G能支持1000亿级别的物联网连接，并提供工业级的可靠性和实时性，这些能力使得5G能成为支撑工业4.0、《中国制造2025》等产业战略顺利实施的关键基础。

多年的互联网繁荣、科技模式创新、生活方式发生变化，其实只是产业结构升级乃至国家竞争力锦上添花的部分，而制造业的能力才是一个国家竞争力强弱的关键，这一点欧美发达国家和中国都已经毫不掩饰。近年来中美贸易战中，双方在芯片乃至科技产品的纠纷已经明确表露了这点——美国急切希望夺回“制造业霸主”地位，并且不希望中国制造业继续快速加强；中国未来真正的国际地位提升，也只有在制造业方面更进一步发展才有可能。

无论是要实现中国智造，还是实现数字时代中国经济的高质量发展模式，中国发展工业互联网都是不可或缺的。中国在未来通信行业尤其是5G方面加大竞争优势，才能为中国工业互联网的快速推进打下硬件基础。工业互联网技术表面上看仅仅是“互联网信息技术在工业领域应用”，但核心目标就是国人梦寐以求实现中华民族伟大复兴的“中国制造2025”。

数字中国正在塑造新文化

2019年5月6日至8日，第二届数字中国建设峰会在福建省福州市召开，此次峰会的主题为“以信息化培育新动能，用新动能推动新发展，以新发展创造新辉煌”，多部门在峰会期间发布信息化政策和报告。

党的十九大对建设数字中国做出战略部署，目的是要充分发挥信息化对社会发展的引领作用，为我国经济建设、政治建设、文化建设、社会建设、生态文明建设提供信息化技术和信息资源支撑。信息化从笔者入行的1995年的涓涓细流终于汇成今天5G大江大河的浪潮洪流，并成为当今人类文明的主流，影响国家社会生活的方方面面，正如20多年前麻省理工学院（MIT）尼古拉斯·尼葛洛庞帝教授在所著述的《数字化生存》一书中所预测的，“计算不再只和计算机有关，它决定我们的生存”。

传统工业时代可以说是原子（物质）时代，它给我们带来的是机器化大工厂大规模生产的观念，以及获得广泛认同的在特定时间和特定地点以统一标准化方式重复生产的经济形态。而在信息时代，由于数字资源的经济价值日益显现，在相同经济规模中所占的比例越来越大，比传统工业时代基于原子的时间、空间与经济的相关性减弱了，特别是近10年的后信息时代，互联网大数据消除了地理和物理的限制，势不可当地包裹了每个人生活的方方面面，数字化生活在今天已经成了经济、政治、文化、社会、生态文明各领域发展的主要形态。可以说，今天所有和人类生存发展有关的议题都离不开数字化的参与，全人类都已经置身其中，通过网络中流动的比特与万物相连、与万事互动、与他人共存。人类命运共同体正是在比特的作用下，从理念转化成大家都能看得到、感触得到的影像，并且成就了全人类新文化的牢固信念。

从这个角度来观察数字中国的战略举措，我们可以看到这不但是我国在历史性伟大复兴的关键时刻经济转向高质量增长的必然要求，更是在人类文明发展历程中影响深远的世界性事件。在没有时间空间限制的数字世界，数字中国的实践成果必然超越国界，成为人类文明发展的宝贵财富，在这个基础上，数字化应用带来的新现象，都需要用“第一性原理”来重新思考变化背后的本质。

所谓的“第一性原理”，讲求回到事物的最基本点。从最基本的命题出发，才有颠覆性创新的可能。就像硅谷钢铁侠马斯克的SpaceX火箭和乔布斯的iPhone，之所以能在各自领域具有划时代的革命创新，关键在于他们并不是对于之前产品的小修小补，而是重新改写了人们对于行业和产品的定义。数字化变革就是一次人类文明和社会文化在所有层面、所有领域都重新定义的机会，数字化革命可以看成一场新文化的革命，今天如果我们做数字化没有这个意识，没有这个觉悟，无疑难以触及本质，应该也不可能做出达到符合时代发展要求的成果。

虽然在这场数字化大变革中，来自各方的参与者有着不同的视角，但笔者有一个很强烈的感受是——所有的生产者（包括政府机构）在经历了过去10多年的尝试和探索之后，正在逐渐摆脱疲于奔命式的“跟随”模式，真正回到了原点，也就是从用户需求出发，来重新思考生产和服务的模式。随着第一性原理的思路，我们可以思考一下“数字中国”的定义是什么。笔者认为，“数字中国”是一项在数字经济新时代，以人民为中心，以中国发展为背景，以伟大复兴为目标的人类文明史中的伟大工程。这注定是一段人类历史上伟大的史诗巨著，让古老的中华文化焕发出勃勃生机和无限活力。

第七章 5G BIG TIMES

5G浪潮下的风险与挑战

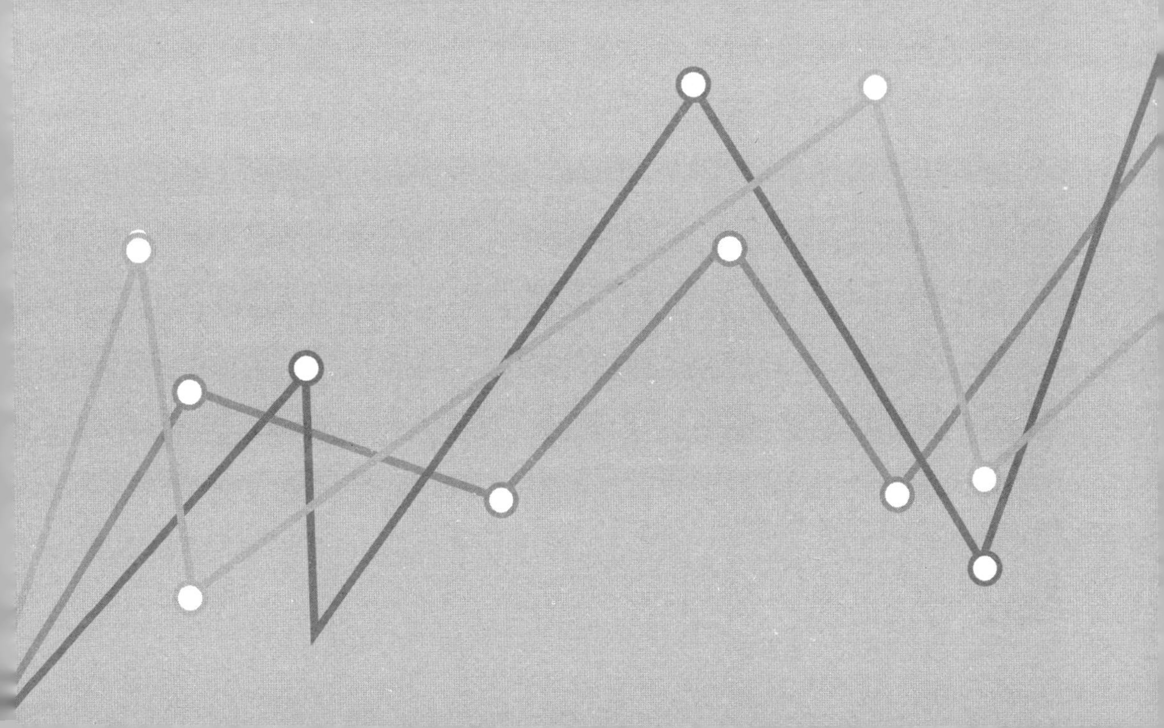

信息传输安全

信息技术的发展和普及给数字经济的发展创造了条件，数字经济成为大势所趋已经是各国政府和企业界的普遍认识。狭义的数字经济也称电子交易（electronic commerce），指利用电子通信手段进行的商业贸易活动，如传统的EDI。广义的数字经济包括电子交易在内的利用互联网进行的全部商业活动，也称电子商业（electronic business），如市场分析、客户管理、资源调配、企业决策等。

对于大多数中国企业家来说，以前产品的生产被假设在一个独立存在的企业组织内部完成，所以大量的企业家都习惯了在考虑生产问题的时候，只考虑自身企业组织内部问题，对于组织外部的生产环节和具体情况所做的假设要么理想化，要么概念化，并不会如内部问题那么关切。我们过去的企业信息化，往往就只处理被认为是企业内部的情况，比如在制造企业中比较普遍的ERP、OA等信息系统，无论是系统的信息用户还是信息管理对象，基本上都是维护本企业组织内存在的实物或者权益信息。在这种封闭组织条件下的生产环境，对信息传输安全最大的要求就是保密和防火墙，只要用技术把组织内部的信息和外部环境完全隔离开来，传统企业的首席信息官或者信息领导人就认为已经是最安全的方式，对外的信息传输还是基于传统的人和人之间的沟通方式，不需要由计算机自动进行，首席信息官们还刻意禁止跨组织的数据自由流动。

实际在现代化的工业生产活动中，没有一个企业组织可以独立完成任何一件工业产品从最原始的原材料到最终交到终端用户手上的所有生产环节和工艺技术，现代化生产条件下，市场中所有产品（尤其是复杂产品）都是由很多企业共同有效协作才能生产出来的。即使没有计算机和信息技术的帮助，基于产业价值链的协同在过去也不成问题，因为传统工业经济中涉及同一产品生产的上下游企业在地理区域上是聚集在一起的，不同企业之间的信息交互和信任通过人与人沟通的方式来解决也相对比较容易，毕竟现场见面不是多大成本的问题，这本来在产品的制造阶段是正确的，和产品相关的生产设施聚集在一起可以减少物流和运输的费用。在产品的设计阶段，也可以通过纸质的文件传递相互需要的内容。在过去产品大批量生产追求规模效益的传统大工业时代，这种跨企业沟通几天甚至数月的响应延迟并不被认为是什么严重的问题，如果产品研发或者生产的周期比较长，协作企业间安排一些周期性的面对面会议就可以了。

从20世纪末互联网数字经济萌芽开始，产品的创造（create）和制造（make）的生产周期都开始了急剧地压缩，特别是很多生产要素信息被搬上互联网以后，很多生产活动可以分布在世界范围内的不同地点，通过互联网的信息交换来实现生产活动的异地协同。而互联网是要求时刻响应的，传统那种基于物理空间的生产要素信息传递和交换过程会变成一种落后，产品在生产阶段的相关信息都需要被立刻提供，所遇到的问题都需要立刻协商解决，这样的生产方式已经逼迫所有的企业在处理各种产品相关信息的过程中，对企业之外的信息需求要多于自己企业内部的。供应链这个术语的出现，也确实建构了关于产品和使这些产品成为现实的各种协作组织的思维方式，选择“链”作为隐喻的一个原因在于它反映了如何生产一个完整产品的线性思考习惯，所体现的是从原料供应商到产品生产方，再到市场这样一个线性组合关系。随着“互联网+”制造的深入发展，一个产品的形成已经有了更多可能性的组合，所以对零件和原料的选取也就从原来相对单一和稳定的渠道来源拓展到一张庞大的网络。网不同于链，因为它们是互联但不连续的，这种关系本质上是非线性的。所以当我们用供应网的思维来替代供应链的时候，不仅需要唤起我们对事物的灵活整合、应需协同的想法，也要唤起我们在虚拟的数据环境而不是物理的（人与人）交流环境中思考各种可能的组合的意识，产品用户倾向通过互联网对于生产活动的直接参与和干预（C2M），毫无疑问地加剧了数字经济条件下所形成的这种新生产关系的复杂性。

数字经济和传统经济活动一样，也是一种严肃的社会行为，为了从法律上保证交易各方的权益，参与数字经济各方必须以真实的身份参与，而出现商务纠纷时，也应该能够有公平处理纠纷的依据。与传统经济活动的商务不同，在网络环境中的交易双方可能素昧平生，相隔千里，他们能接触到的对方的信息只是传输过来的电子数据，也就是说，在网络环境中，人们使用的是一个用电子数据虚拟的电子身份。电子身份的虚拟性使交易双方难以像在传统物理环境中面对面交易一样分辨对方的身份和意图，所以进行数字经济必须先确认对方的身份和所提供信息的真实性，因此能方便而可靠地确认对方的真实身份是电子交易的前提。例如，在网上商家要考虑与之沟通的买家不能是骗子，而买家也会担心会不会遇到一个欺诈消费者的网上黑店，任何带来风险的安全隐患都会动摇交易双方达成交易的信心。

互联网的安全问题是每一个身处其中的人都非常关注的，互联网上进行数字经济的交易双方（供给侧和需求侧）存在不同的安全威胁，使他们的商业活动面临比传统商务更多的交易风险。

1.对互联网供给侧而言，面临的安全威胁

（1）信息系统被入侵，入侵者假冒成合法用户来改变用户资料，扰乱系统的正常运行。

（2）信息泄露，一些重要资料将被竞争者获取。

（3）被他人假冒，不诚实的人建立与互联网供给侧服务器名字相同的另外一台Web服务器来假冒互联网供给侧。

（4）互联网需求侧否认曾发出订单，拒不付款。

（5）互联网需求侧被冒充，收到虚假的订单。

（6）无法确认互联网需求侧的实际身份。

2.对互联网需求侧而言，面临的安全威胁

（1）身份被别人假冒，假冒者以客户的名字来订购商品。

（2）付款后不能收到商品或得不到服务。

（3）个人的机密资料被泄露，客户有可能将秘密的个人数据或自己的身份数据（如卡号、口令等）发给冒充销售商的机构，这些信息也有可能在传递过程中被窃听。

（4）互联网供给侧的服务器无法提供正常的服务。

基于以上对数字经济中信息安全威胁的分析，我们对数字经济的信息安全需求总结为：

信息的真实性要求：确保信息的真实性是任何一个信息系统能发挥正常作用的前提。在数字经济系统中，对信息的真实性要求尤其重要，可以说是重中之重。

信息的保密性要求：数字经济系统中许多数据涉及如商业机密、个人隐私等非常敏感的信息，不能泄露给非授权的人或实体。

信息的完整性要求：目的是保证信息和数据资源不被非法篡改，维护信息的准确性和有效性。

信息的不可否认性要求：目的是建立有力的责任机制，防止信息的发布者否认其发布的信息，对发布的内容负应负的责任。

没有技术的配合，纯粹依靠法律措施和政府行政手段的约束力是不够的。为了保证数字经济的安全，需要在技术上建立数字经济的信息传输安全体系，技术上的安全保障可以增强网上交易各方的信任，提高网上交易的可靠性，降低交易风险，推动数字经济发展。在这个信息传输安全体系中，身份认证、数字签名和敏感信息加密保护等技术是其中的核心环节。

数字经济环境对信息的不可否认性有非常严格的要求。数字经济具有和传统商务一样的严肃性，数字经济要求参与各方对自己的电子交易行为和发出的商务电子信息负责。这是维护数字经济正常秩序的保障。为了杜绝数字经济参与者利用电子信息的匿名性来弄虚作假和不守诚信，技术上必须使参与者无法否认自己发出过的信息，有了这个约束条件，才能建立起一个严肃、公平、公正的电子交易环境。对信息的数字签名能够实现对信息完整性的检查和令发出的信息不能被否认，使电子数据作为证据时具有和物证同等的法律效力。从这个角度看，信息的数字签名对数字经济纠纷的举证工作起到关键作用，我国新的《合同法》已经承认有相应技术保证的数字签名的合法性，现在法律界对数字经济立法研究中数字签名技术的法律意义非常重视。

互联网数字经济已经从经历了PC端的Web网站到4G时代的智能手机各种App，从支付宝到大众点评，一直以来帮助解决买卖双方信任问题的都是依靠这种具有信用权威的第三方中介。在数字经济的信息传输安全体系中，通过第三方中介提供的技术手段把人们虚拟世界的电子身份和物理世界中社会身份结合起来，是数字经济能够健康发展的前提。而这种“传统”的数字经济基础，归根结底还是根植于人和人之间的社会关系。在5G技术所带来的万物互联时代，在进一步深化人与人信息互联带来的经济机会的基础上，还将带来信息传输规模更大的人与物、物与物之间互联。而且根据工信部部长苗圩的预测，5G大部分的流量是用于物物之间互联，这种物物互联场景下的信息传输不可能再依靠人人互联时代的第三方信用中介人工介入的安全保障，必然需要与5G万物互联的信息传输安全保障体系。

在5G时代，互联网的参与方将是多样化的，不但有传统的自然人和法人，更扩展到有自感知、自学习、自决策、自执行、自适应等智能能力的各种物理设施设备。这种人与人之间、人与物之间、物与物之间交织而成的社会网络将成为新时代数字经济的基础，为了维持新时代数字经济的健康发展，都必须经受在网络中严格的身份认证和对信息的不可否认性的行为约束，可以说，身份认证与数字签名技术的结合覆盖了电子交易的事前检查和事后监督这两个影响数字经济安全运行核心环节的安全需求。身份认证和数字签名技术的实施，可以赋予数字经济环境每条交易信息严格而明确的责任归属，减少在开放电子网络中由电子信息的匿名性带来的商务交易风险，这样不但在技术上给数字经济的实施提供了安全的保障机制，也为数字经济的立法工作打下了基础。所以无论从技术的角度还是社会的角度来看，随着5G在新数字经济时代发挥作用，我们可以看到更普遍的身份认证、数字签名和敏感信息加密保护应用场景。

区块链正好是融合了身份认证、数字签名和敏感信息加密保护等一系列信息安全技术的应用场景，这几年来，不管你关不关心比特币，区块链越来越热已经是一个不争的事实。《人民日报》在2018年2月26日用了整版的篇幅发表了三篇重量级的文章：《三问区块链》《抓住区块链这个机遇》《做数字经济的领跑者》，表明了国家对于区块链技术及其发展前景的正确认识和充分肯定。对区块链的发展既要监管也要发展应用，这是很明确的政策导向。特别是5G作为数字化革命的关键使能器，区块链应用在5G上将是可以预期的新工业革命关键使能器。

区块链到底解决了新工业革命中什么生产力瓶颈？简单来说，就是数据的信用问题。第四次工业革命被誉为智能制造的革命。什么是智能制造？就是任何一个产品的全生命周期（PLM）都前所未有地和数字化发生密切的关系，并且全生命周期中产生的数据都会加入到数据经济大循环，因此互联网时代语言大师凯文·凯利（Kevin Kelly）认为："不管你现在做什么行业，你做的生意都是数据生意。关于客户的这些数据，其实跟你的客户对于你来说是同样重要的。数据可以通过网络流转，从一个格式变成另一个格式。"一方面，用数据取代产品的物质属性来衡量产品的价值成为必然的时代要求；另一方面，需要数据来驱动完成大量传统产品制造过程的各种生产活动，数据的真实可信将直接决定生产活动的效率和效果，这个当然也是时代的必然要求。从这个角度来分析，即使没有诞生区块链技术，也必然会诞生能解决这个数据信用问题的技术，只是这个历史性的责任恰恰落到了区块链的肩头上。有了区块链的应用，区块链上的数据就可以帮助每一个企业自证清白，不再需要那些第三方信用中介的帮忙，无疑大大提升了各种生产要素互联的效率和效益。

从这个角度分析，基于高度互信的数据实现生产要素互联和生产活动的协作已经成为新工业时代的新常态。互联网事实上消除了企业的组织围墙，今天的企业组织形态前所未有地遭遇了不确定性，所有的生产关系都可能是根据具体的生产场景的需要而临时组合的。但反过来说，当今人类的祖先从几十万年前就是通过协作分工创造出有组织的生产方式，从而创造了人类社会的物质文明，互联网只会让生产分工更加专业和精细化，而不会打破生产组织的社会协助关系。个人的力量始终是微弱的，离开了人类社会关系网络，任何个人都无法完成诸如上天入地、星辰海洋这样的伟大梦想，失去了大规模有组织力量的社会背景，甚至连基本生活都成为问题，因此，所有的个性的自由想象必须回归到社会组织的框架内，才有实现的可能和现实的意义，这是互联网颠覆不了的！

所以，5G面对第四次革命智能制造发展需求，笔者提出了信息传输的新形式“互联网+区块链+数字孪生”，分别面对的正是这场全球化的产业革命中三个层面的生产组织问题：

互联网解决的是社会化的商业协同问题，这个协同当然是越广泛越好了，这是符合梅特卡夫所提出的网络经济丰饶经济学定律的。

区块链解决的是产业链系统的一体化问题，如前所述，产业链对于每个企业来说实际是一个非线性的供应网。在这个网络内，传统依赖人工面对面的信息交换是低效率和不可靠的，所以产业链参与者之间需要有一个高度互信的协作机制，不可抵赖、不可篡改，高度共识，共享账本，这样的合作才是让大家都长久放心的，才是可持续的。

数字孪生解决的是企业内部系统一体化的问题，各种生产要素信息的互联互通和数据支撑毫无疑问是实现人工智能自组织生产的基础，这方面本书就不再赘述了。

在5G时代数字经济环境中，最终采用信息传输安全体系中任何一个技术方案，都将会对已经信息泛在网络化的社会生活产生巨大影响，因此，我们不能只顾盲目地追求技术上的尖端和完美，而忽略了技术的经济效益和社会影响力等这些与经济发展密切相关的因素。在数字经济这样一个未来将关系到国计民生的经济领域，基于国家安全的考虑，信息传输安全的核心技术是不应该掌握在外国组织手上的。然而在经济发展已经全球化的今天，发展一套与国际通用标准不兼容的安全技术无疑也会给我国数字经济的发展自我设障，所以笔者认为，对于发展数字经济信息传输安全技术，必须走参考国际通用标准与自行开发相结合的道路。

个人隐私安全

5G最根本的特征是更快、更及时、更多的连接。这些连接会赋予这个时代新的特点，在应用过程中，也隐含着很多的风险。5G时代对于个人隐私权保护的问题将会更加凸显，影响国家安全和社会稳定，老百姓每天生活的基础设施的安全问题也会变得更加突出。“万物互联”便捷的同时也意味着很多风险，这是期待与担忧并存的时代，人们担心更多风险连接起来后会不会产生难以控制的变化？

目前各种关于公民隐私被泄露的事件屡见报端，信息时代不仅接二连三发生个人信息泄露事件，甚至酒店、试衣间等地也发现了私自安装摄像头偷拍事件。有媒体报道广州某小区上千人个人隐私信息被同小区业主李某获取，并在微信群流传，信息翔实。

类似于这样的事件，媒体报道的只是冰山一角，还有很多没有被媒体报道的。相信大家都曾经接到过骚扰电话，电话那头不仅知道你的电话，还能准确说出来你的姓名和购物详单，更有甚者连你的年收入都能说个大概，真是令人震惊不已。

信息时代的确给人们带来生活的便利，但是同样也泄露了个人隐私，一些不法分子专门非法搜集、泄露、出卖公民个人隐私信息，甚至通过不法手段在酒店、试衣间利用技术手段偷拍公民隐私并传播，给受害人造成了不可挽回的伤害。这种公民个人隐私的泄露，势必会加剧老百姓的心理焦虑，影响社会的稳定，甚至会严重影响到人与人之间信任体系的建立。5G时代即将走进老百姓的生活，我们的个人信息如何才能在5G时代得到更好地保护呢？

首先，在社会广泛宣传提高人的防范意识。大部分人对于新鲜事物的接受能力还是很快的，从出门带钱包到如今出门手机支付，很快改变了生活习惯。但是警惕性和防范意识还有待进一步提高。笔者在大街上见过扫二维码送小礼品的（盆子、洗衣粉等），当时就有很多人贪图小便宜去扫二维码，殊不知一个小小的二维码就足以泄露个人的隐私。

其次，应该加大对窃取、泄露个人隐私的犯罪分子的打击力度。目前个人隐私泄露的犯罪事件多为行政处罚，往往力度不足以惩戒，犯罪成本偏低。笔者查阅了我国相关法律，在惩罚偷拍、泄露个人隐私犯罪行为方面，目前我国《刑法》尚未有明确规定，仅仅是在《治安管理处罚法》中有明确规定："有偷窥、偷拍、窃听、散布他人隐私行为的，处5日以下拘留或者500元以下罚款；情节较重的，处5日以上10日以下拘留，可以并处500元以下罚款。"由此可见，犯罪分子进行了对个人隐私偷拍、泄露、售卖得利之后，即使被受害人举报，执法机关只能按照《治安管理处罚法》对其进行行政处罚，犯罪的成本太低，行政处罚力度远远达不到震慑犯罪分子的效果。

在4G时代，大家的主要智能设备还只是手机，就已经时常爆出隐私侵犯事件。例如，App监听麦克风，调用各种权限，读取通信录，读取各种信息，等等。5G时代这些方式将会变得更加容易，更加难以防范。

5G网络在改变人们互联方式的同时也伴随着一个不可避免的问题，那就是人们的位置将不再是隐私。5G网络比我们目前使用的4G网络所提供的地理位置信息更加准确，它可以通过任何访问过你手机的互联网服务供应商或者手机基站的数据迅速且准确地锁定你的位置。

随着物联网市场的发展，智能家居、智能穿戴、车联网等领域均已实现了物联网的应用，而物联网的感知层由各种传感器构成，它可以自动识别物体、采集信息，比如智能手环、智能眼镜等设备可以通过物联网来互通数据，实时监测用户的健康状况并生成日常行为习惯画像。我们可以想象，5G深入发展，你家的电视机在上网、冰箱在上网，洗衣机、空调、扫地机、汽车甚至沙发、床、卫浴等各种设备都在上网。那么有关于你的一切个人数据、一切活动记录，比如生活轨迹，作息时间，家里的位置、各种环境，和家人说的每一句话，甚至晚上的一个翻身，都可能被记录下来上传到网上。随着5G的普及，万物互联的范围越来越广，设备越来越多，记录你个人隐私的数据也就越全面，你的一切几乎都将暴露在主数据之下。

5G时代可以联网的智能设备众多，生产厂商也众多，大家对信息安全和个人隐私保护的理解以及采取的措施都不一样，普通个人用户无法去做鉴别和分辨，也难以去防范，必然会比现在爆出更多的隐私问题。

隐私保护如何跟上5G的发展速度？这需要国家、社会、企业、个人的通力合作。

首先，国家的立法机构及标准制定单位制定法规和行业标准，严格要求保护个人隐私信息。例如，隐私数据传输或存储时强制加密，禁止对个人隐私过量采集，在用户允许的情况下合理使用相关数据。

其次，消费者保护部门和网络运营监管部门承担起监督的责任，常态化地对5G网络下的个人隐私信息进行安全测评。2018年11月，中国消费者协会对100多款App的个人信息收集和隐私政策情况展开测评，发现所测的App全部涉嫌过度收集或使用个人信息，隐私数据安全风险必须接受监督。

再次，企业加快个人隐私保护领域的技术研发和产品落地。例如，结合《网络安全法》以及网络安全等级保护2.0的要求，智能抽取和检测存在于应用系统、服务器、数据库等的个人隐私信息和重要数据，对隐私信息和重要数据的安全状况进行评估。评估数据是否在传输过程和存储过程加密；评估隐私信息和重要数据所在存储空间被释放或重新分配之前，是否清除了隐私信息和重要数据等；个人信息是否采集过度等。

最后，要加强对于每个公民的隐私保护的宣传和教育，让公民意识到隐私信息的泄露给个人和家庭生活带来的种种风险和困扰，主动抵制使用来路不明的电子产品，掌握在酒店等场合识别各种偷拍和窃听设备的方法，并且明晰如何运用有效的法律手段保障自己的合法权益。

所以说，当5G来临时，摆在每个人面前的，包括各种政府机构和企业组织面前的，除了各种发展的好处，还有如何保护个人隐私和商业机密这些难题，一旦没有处理好，或许将引发一场隐私灾难。技术只是手段，本质上还是取决于人类社会，只有大家携起手来，共同努力，才能让5G时代的各种数字化设施设备发挥其应有的正面作用，并避免给我们带来伤害和困扰。

数据开放与保护

自4G以来，信息和网络技术的进步让人类社会越来越透明，新时期人民对政府的透明运作和信息开放提出了更高的要求。开展政务数据开放和共享，能加强人民对政务的监督，提升人民群众对政务的认识，发挥政府的良好职能。同时，通过政务数据共享，政府在制定决策时能较好地了解所制定决策的合理性。

政务数据的开放，关系到两个重要问题：一是如何进行政务数据的共享；二是如何在政务共享中加强对政务数据的保护，防止政务数据泄露造成经济、安全损失。政府数据的共享和保护需要良好的技术队伍，技术队伍专业知识水平直接影响政务数据的共享与保护水平。新时代大数据已经深入到人们生活的各个方面，如何做好政府数据共享，有效对政务进行监督，同时加强对政务数据的保护成为一项重要课题。

发达国家大数据开放较早，相关法律也比较完善。美国政府在2009年就相继出台了多部法律来规范政务数据的开放，如《透明与开放的政府备忘录》《开放政府指南》等。英国政府在2012年也出台了相关法律，如《开放政府白皮书》等，对政务数据的开放进行规范。政务数据共享在发达国家已是习以为常的事情，发达国家政务数据开放较早，并且在实践中取得了一定的成果。以美国政府为例，美国政府设立专门的岗位，专职负责信息管理和开放的相关工作，在奥巴马时期还专门设立了数据开放的门户网站，用于对政府的数据进行共享，取得了非常好的社会效益和经济效益。例如，美国将所有的航班信息对社会大众开放。大众通过分析这些数据，就能准确判断哪个航空公司经常晚点，晚点次数最多，从而了解各个航空公司的服务质量，能更加科学地安排自己的出行。同时，通过对航空公司信息的披露，航空公司不断提高服务质量，从而提升各自的竞争力。又如，美国佛罗里达州通过大数据分析警察超速现象，较好地提高了社会的治理能力和服务质量。

近年来，我国陆续出台了相关政务数据开放政策，在大数据背景下，取得了丰硕的成果。在新时代，大数据已经成为推动我国经济改革的动力，为国家竞争优势的重塑提供了新的机遇，也为政府提供了新的治理途径。国家发改委在《“十三五”国家政务信息化工程建设规划》中明确提出，利用大系统、大数据和大平台，就是要充分利用数据资源，整合资源，打造精准的社会治理新模式。

同发达国家相比，我国政府数据开放的顶层设计还不完善，虽然成立了中央网络安全和信息化领导小组，但其主要职能是提供信息安全，而不是对数据进行开放。此外，其为维护信息安全，更多地偏向于对信息的保护，而不是开放，我国政务数据公开的相关法律较为滞后，需要进行完善。

当前在我国各级政府部门和组织机构，各级领导干部和公务员普遍还缺乏大数据思维方式和数据开放意识。意识决定行动，没有数据意识，一切数据工作无从谈起。当前各级政府部门中，很多领导仅仅把大数据当成一种信息技术手段，思维还是停留在电子政务阶段各部门业务需求占主导的信息系统建设思路，而没有真正将大数据作为基础设施建设运用到实践中，没有切实发挥大数据的政务管理价值。当前改革进入了深化阶段，对大数据应用缺乏顶层设计是当前政务数据开放的主要问题，只有加强顶层设计，才能将工作落到实处，加强政务数据的开放。

习近平总书记在党的十九大报告中指出："中国经济已由高速增长阶段转向高质量发展阶段，正处在转变发展方式、优化经济结构、转换增长动力的攻关期。" 从全球经济发展趋势看，数字化转型已经成为转变经济高质量发展方式的重要任务。发展数字经济成为优化经济结构和转换增长动力的必然手段，是我国建设现代化经济体系跨越关口的迫切要求。在党的十九大报告中首次纳入了"数字经济”这个关键词，习近平总书记在随后的集体学习讲话中指出“要加快发展数字经济，推动实体经济和数字经济融合发展”“我们要把握这一历史契机，以信息化培育新动能，用新动能推动新发展。要加大投入，加强信息基础设施建设，推动互联网和实体经济深度融合，加快传统产业数字化、智能化，做大做强数字经济，拓展经济发展新空间”。随后省、市、区也进一步下发了大量关于数字经济的会议精神及文件材料。

今天，国家机构和社会各界都会觉得数字经济很重要，大数据很有价值，笔者在近两年参与的数字政府和电子政务专家顾问工作中发现，众多政府机构和企业组织每年具体的数字化工作安排却还是很少。目前中国经济从高速增长转向高质量发展阶段，除了需要尽快完成信息化与工业化融合这个工业3.0的历史任务外，还要跟上今天工业4.0智能化的全球性产业变革趋势，数字经济的发展就更加重要了。

李克强总理在2016年5月9日的电视电话会议上说：“目前我国信息数据资源80%以上掌握在各级政府部门手里，‘深藏闺中’是极大浪费。”从全球来看，政府承担了环境性社会化这些最重要的大数据资源的采集任务。我国各级政府经过多年的政务信息化建设积累了很多数据，这些数据量极大、权威性高，利用这些数据资源，通过市场的手段形成赋能，是推动经济高质量发展战略目标和智慧城市建设的要求，而且除了政府组织和少数互联网企业，目前广大中国企业都并不具备能力和资源完全采集到满足它们产品和业务发展需要的大数据资源，所以大量的高价值大数据资源还是要从政府手中主动释放出来，否则发展大数据产业、企业数字化转型都是无米之炊。

政务数据公开涉及各个部门，各个部门要协同合作才能实现数据资源的整合，这里就涉及了“政府服务再造”这个政治体制结构性改革的深水区。但一些部门还是没有自觉加强协同合作，各部门间的沟通依旧存在问题，对政务数据公开造成了阻碍。此外，由于采取各自为政的电子政务建设方式，普遍存在严重的数据孤岛问题，各个部门之间在数据共享上存在较大壁垒。从数据共享技术上来说，数据共享需要各个部门实现数据对外开放，还需要建立相应的共享机制，保证各个部门不同的数据有效公开，建立可靠、一致、互相共享数据的平台。平台需要采集相关数据，并对数据进行整合，汇集不同部门的数据，从而提高信息的利用率。“政府服务再造”就必然要包括推进数据共享，打通信息孤岛，让数据多跑路，群众少跑腿。而如果政府的数据不对人民群众开放，群众也没有办法了解和观察到底哪些事情可以让数据代替自己跑腿，对“政府服务再造”就缺乏获得感。因此，政府的数据开放工作，不但能够及时响应社会经济中企业数字化转型之急需，而且能有效帮助政府推动数字化转型的深化改革工作，从需求侧推动各政府机构以提升数据共享水平为抓手再造政府服务流程和能力，数据开放工作其实也是政府机构自身职能改革的需要。

我国有些地方政府对于数据开放也做了一些先行先试的工作，不过大多数方式还只是简单地通过网站拉清单对外提供下载功能，但是这种方式缺乏配套服务，数据出了问题也不知道找谁问，数据清单让人眼花缭乱。当企业想查找一些数据来开发新产品或者新服务的时候，发现这里面很多数据用不上，没法用，要么是数据过时了，要么是多个版本，搞不清楚哪个版本的数据更可靠。这样的数据开放方式连专业的大数据企业都很难用好，一般的人民群众就更看不出有什么作用了。我们看到目前的数据开放工作还只是初级阶段， 推动应用创新才是下个阶段的重点工作， 真正全方位利用数据实现高品质发展的数字经济价值才是最终目标：

基于上述分析，笔者提出如下四点具体建议。

建议一，政府要更加积极有为地完善开放数据的政策与标准。

政府数据开放是一件影响深远的系统性工程，必须在政策层面久久为功，持之以恒。而数据开放，标准先行，政府要做好数据开放工作，必须先完善好开放数据的标准与质量，包括数据的格式要求、数据开放方式以及信息安全保障和隐私保护等相关制度。政府开放的数据要能真正被社会企业和人民群众用起来，必须以人民为中心，以公众用户为标准，开展严肃的数据标准化和数据质量提高与治理工作。

李克强总理在2019年2月20日主持召开的国务院常务会议中，

要求制定涉企法规规章和规范性文件必须听取相关企业和行业协会、商会的意见，使政府决策更符合实际和民意。总理说："忽视市场主体的呼声，反过来就会被市场惩罚。""要按照'公开是惯例，不公开是例外'的原则，通过提高法规政策制定和实施的公开透明度，防止暗箱操作，切实做到'阳光行政'。"与此同时，建议政府通过商协会组织向更多本地化运营的大数据企业开放更多数据资源管理合作，建议通过招标方式将部分市场需求突出的数据资源交给有资质、有能力的大数据企业参与开放服务运营，由获得运营权的企业对这些数据参与提供标准化规划、应用咨询、接口开发、数据集成、加工清洗、分析和定制开发等各种大数据技术服务，把大数据应用的市场需求反馈到"数字政府"建设中，帮助数据源头采集的政府机构开展数据治理工作，确保数据从供给源头到用户终端全生命周期的标准化、高质量和有效性。

建议二，打造"数据开放+创新创业"生态环境。

建议打造开放数据、数据应用、项目孵化三位一体的政府数据资源开放格局，推动"数据开放+创新创业"生态环境建设。从"对接数据"和"对接创新"两个角度，融合包括政府职能部门、企事业单位、创业孵化器、商业资本、公益性基金、大数据企业、科研机构等在内的创新网络，将研发资金、研发设施、人才等创新要素实现共享开放。根据国务院2015年8月31日印发的《促进大数据发展行动纲要》明确要求，各地要按照党中央、国务院决策部署，发挥市场在资源配置中的决定性作用，推进数据资源向社会开放，增强政府公信力，引导社会发展，服务公众企业；以企业为主体，营造宽松公平环境，着力推进数据汇集和发掘，深化大数据在各行业创新应用，释放技术红利、制度红利和创新红利，提升政府治理能力，推动经济转型升级。

政府搞数据开放不能仅仅拉清单，更关键的还是要孵化出高品质的数字经济产业发展生态，让更多的市场主体可以围绕政府的数据资源开展各行业创新应用，让更多搞大数据的企业和个人能吃上饭、赚到钱，实现可持续发展，并且衍生出更多新的生产性服务供给，以此来有效促进我国产业从粗放型的传统生产方式向智能制造转型。

建议三，形成“政府搭台， 社会唱戏”的多元化协同创新机制。

“政府搭台，社会唱戏”才是政府数据开放平台助力数字经济发展应有的格局。所有的“供给”是开放的，允许有“需求”的资源进入，打开组织边界，充分调动社会各方参与平台建设，形成多元协同的创新文化生态，打造真正市场创新驱动的“平台经济”。

要尽快建立健全城市管理大数据统筹共享、分析和研判机制，建设物联网运行管理平台，构建更为智慧化的生产生活生态环境，全面推进新一代信息技术与新型城镇化发展战略深度融合，提高城市治理能力现代化水平；发挥大数据跨界创新引领作用，推动创新资源加速流动和集聚，带动传统产业转型升级和新兴产业发展。当前我们又面临我国大数据产业发展的重要机遇期，国内大数据市场需求将迎来大规模爆发。经国内有关专家组的研究，预计未来若干年，中国大数据市场规模年增长率都将保持在45%以上。建议政府在向社会开放数据和释放建设需求的过程中，大力发挥大数据产业协会等行业平台作用，鼓励协会积极引入大数据方面的高端人才资源，强化成员企业间的知识共享和技术交流，创造机会让专家给数字政府和大数据产业发展更多地问诊把脉、剖析需求、分解战略、优化战术、助力业务，并通过传帮带方式辅导本地企业提升大数据技术应用和数字化转型的赋能能力，用急需落地建设的需求推动本地化的大数据产业的集聚发展。这样一来，政府以开放数据和释放需求为源头活水，将推动数据和知识在社会上、跨行业、企业间共享和流动，拉动更多社会资源汇聚，形成多元化协同创新的大江大河，最终汇入国家数字经济高品质发展的海洋，政府用数据开放和建设需求来引导大数据产业发展的道路也就走活了。

建议四，探索成立大数据交易所，让社会上更多的数据资源进行流通和变现。

目前最普遍的一种许可方式是采用即时共享许可协议，用户只需按照作者或许可人指定的方式署名就可以了。从国际趋势看，政府数据的获取正在向免费或边际成本收费的模式转变。而现在国内的数据交易市场还是完全不透明的，各地都是在摸着石头过河，没有通用的数据质量及价值衡量标准可供借鉴，所以在这个方面，笔者建议各地政府结合数字政府建设、大数据产业发展情况，可以适时开展成立大数据交易所的路径探索，借数据交易市场化机制更进一步地推动数据的流通和应用变现。

新时代下，大数据已经深入到人们生活的各个方面，如何利用大数据，做好政府数据的开放和共享，有效对政务进行监督，并加强对政务数据的保护成为一项重要课题。只有树立政务数据开放意识，完善相关法律法规，加强政府部门的协同，保证信息供给需求，才能不断提高信息开发意识，让政务数据共享发挥潜在的经济价值，成为社会治理的新途径。

数据驱动与数据治理

5G实现万物互联，互联网大量的数据将来自“物”而不仅仅是“人”，但万物互联不是简单地实现大量数据的自动采集，而是大量的“物”甚至“人”的行为被数据所驱动。万物互联和数据驱动可以看成“5G+”时代的一体两面，没有数据驱动也就没有真正意义上的万物互联，但是数据驱动并不是5G才有的，只是5G让它更加全面和深入而已。

“数据驱动”这个概念最早应该是出现在20世纪90年代，当时诞生的商业智能的概念主要讲的是如何通过数据分析，发现和改善业务中的工作表现，从而提升效率和效益并创造出额外的商业价值。而在“数据驱动”这个概念提出前的信息技术是“功能驱动”和“流程驱动”的，早期的计算机程序受限于硬件性能和存储空间，不太可能处理大规模的数据，存储数据的成本也很高，所以数据依附在算法的结构里面，和公园门票一样，用过就丢弃了，当然也发挥不了今天的价值。

- 简单应用，替代手工；
- 仅限提高个人生产力；
- 单机程序，数据的使用要依附于程序；
- 重开发，轻服务。

- 特定业务领域的单项应用；
- 作业自动化是建设重点；
- 数据分散于各单项应用系统，不同应用系统间数据不共享；
- 以部门需求为中心各自建设系统，形成众多数据孤岛，出现数据割据的局面。

- 企业级应用；
- 管理信息化是建设重点；
- 以数据为中心，数据作为企业重要资源，重视数据共享；
- 数据驱动经营管理，根据经营管理的决策需求集成全企业范围的数据。

图7–1　数据应用水平的演进

时间倒退到30多年前，随着关系型数据库（RMDB）技术被越来越广泛地使用，各种信息系统沉淀下来，可以被重复利用的数据资源也越来越多，可以用数据来做的文章也越来越多，数据的重要性和价值日益凸显。《数字化生存》的作者尼古拉斯·尼葛洛庞帝就提出数字化生活的概念。20多年以后的今天，我们已经进入了数字化的生活，移动互联网、物联网、手机、各种社交媒体、电子支付等各种数字化技术把我们的生活完全连接到了云端，连接到了网络。每一个消费者通过手机和设备。成了巨大的数字化网络的一个节点，每时每刻，我们从云端获取各种信息、各种状态，浏览各种商品，从而实时地影响我们的决策和行动，“数据驱动”成为日常生活。

过去，很多行业知识、数据、信息、方法是封闭的，而数字化时代首先表现的是信息透明。信息透明给这个社会带来的改变是巨大的，它从根本上打破了传统物理世界的各种信息壁垒，极大地冲击了传统行业和社会形态。在互联网上每一个人可以搜索到各种各样需要的数据，并从中获得需要的各种各样的信息。

今天，越来越多的企业已经把业务搬到网上了，这些业务活动都需要数据才能驱动和运作，数据应用的水平也经历了一连串地演进（见图7-1），数据质量不仅仅关乎企业组织和机构内的业务效率和效益，更关乎客户和合作伙伴的满意度和配合度。而事实上，由于大量关于人、财、物等核心资源的数据质量不高，很多企业开展网上业务背后也还是靠人力服务来驱动的，这样积累下来的数据如何和企业内部信息系统的数据有效共享和融合又成为新的难题。

随着5G的到来，随着数据传输速度的加快和终端设备的增多，直接产生数据量的增长，海量的联网终端意味着海量的数据。5G只是底层通信技术，但当传播能力改变后，一切都会随万物互联而改变。在更多的连接而产生数据爆炸的时代，处理大数据成为各类型政企事业单位组织必不可少的能力。数据在组织中发挥的作用会越来越大，由于要快速处理的各种海量数据的增加，复杂度随之增加，管理和控制的难度越来越大，如果不加以有效治理，组织将面对越来越错综复杂和事关重大的数据问题。

数字经济中，数据被认为是推动企业增长和商业创新引擎的燃料，数据无疑是被组织认定且拥有的资产之一，但是由于其海量数据的增加，复杂度随之增加，管理和控制的难度越来越大，数据治理已提升为企业战略优先事项。

近些年来，随着大数据在各个行业领域应用的不断深入，数据作为基础性战略资源的地位日益凸显，数据标准化、数据确权、数据质量、数据安全、隐私保护、数据流通管控、数据共享开放这些问题越来越受到国家、行业、企业各个层面的高度关注，这样一来，数据治理的概念就越来越多地受到了关注，成为目前大数据产业生态系统中的新热点。在2019年4月召开的全国大数据标准化工作会议暨全国信标委大数据标准工作组第六次全会上，中科院院士梅宏呼吁，大数据治理问题必须提上日程。

在20世纪80年代，随着数据随机存储和数据库技术应用，产业界首次提出了数据管理的概念，这就是数据治理最早的起源。2009年，国际数据管理协会（DAMA）发布了数据管理知识体系DMBOK1.0，提出DAMA数据管理理论框架模型。DAMA数据管理模型成了目前行业最权威的数据管理理论模型，包括10个活动职能，分别是数据治理、数据架构管理、数据开发、数据操作管理、数据安全管理、参考数据和主数据管理、数据仓库和商务智能管理、文档和内容管理、元数据管理、数据质量管理。2015年，DAMA新发布的DBMOK2.0知识领域中又将该模型扩展为11个活动职能。在2012年，另一个行业组织数据管控协会（DGI，The Data Governance Institute）提出了DGI数据管控框架模型。2014年，美国卡耐基梅隆大学软件工程研究所基于软件能力成熟度集成模型（CMMI）提出数据能力成熟度模型（DMM）。2015年，一个主要面向金融保险行业数据管理的公益性组织企业数据管理协会（EDM Council），提出数据管理能力评价模型（DCAM），另外还有像Gartner提出的企业信息能力成熟度模型（the EIM Maturity Model）、IBM企业数据管理能力成熟度模型，以及一些咨询公司如毕马威、普华永道等发布的细分行业数据管理体系架构等。

在我国，近年来，国内各行业大型企业也纷纷发起企业内部数据治理项目，制定数据治理规范，成立专业的数据管理实体团队来开展企业数据治理工作。特别是在2018年4月，国家大数据标准化工作组正式发布了国家标准《数据管理能力成熟度评估模型GB/T 36073-2018》（简称“DCMM模型”），并于2018年10月1日起正式实施。DCMM定义了数据能力成熟度评价的8个能力域：数据战略、数据治理、数据架构、数据标准、数据质量、数据安全、数据应用、数据生命周期管理，这8个能力域又包括28个能力项。

通常数据治理被认为是获得高质量数据的核心控制规程，用于管理、使用、改进和保护企业数据加工过程中的数据质量。许多企业通过学习、培训和借鉴经验，开展自身的数据管理实践，通过寻找行业基准和通用框架建立实施方法论。按传统理解，数据治理工作的推进者通常为企业的信息管理者和信息技术工作者，他们关注需要跨职能、跨流程、跨功能边界的标准化，考虑信息生命周期中数据质量、数据安全的需求，这仿佛只是技术层面的工作。

但笔者发现，如果我们仅仅把数据治理工作看成技术层面的工作，在实际工作中就会发现很多数据治理的要求难以贯彻执行。以银行为例，大量的数据质量问题的源头是技术解决不了的。很多银行的柜员都习惯为了节约时间，潦草地录入客户的身份和联系信息，这些情况不但让银行信息科技部门的人无能为力，行政管理层对网点三令五申也收效甚微。笔者在过往培训工作中和某国有银行的学员沟通曾亲耳所闻，该行为了解决数亿户储蓄账户中身份证号字段的历史存量数据质量问题，后期不得不耗费数十亿的业务动员和奖励费来逐户修正，可见其影响面早已经超越了技术层面。

特别是在一些我国还普遍存在信息化程度偏低的单位中，有一个更为严重的认识误区。这些单位中的人可能认为，我们单位并没有运行什么信息系统，也没有管理什么数据资源，就没有必要做这么复杂的数据管理能力成熟度评价工作了。这个认识误区恰恰折射出还有相当数量的人对于组织的数字化转型并无紧迫感，还不明白数字化生存对于组织的重要性。

当5G彻底实现了万物互联以后，物理世界的一切都会被数字化，数字化技术把一切都连接起来，原来传统世界的地理位置、时间跨度、商业模式、职业、岗位、技能等都被连接成一张立体的网，都可以通过一个点寻找到另外一个点，原来的行业边界、组织边界、职位边界、角色边界都被数字化所链接、所打破。所以，数字化转型是区别于传统的组织形式、沟通形式、技术手段所产生的变化，数字化将组织的所有活动和资源都必然转化成数据，组织建立从数据出发的管理体系，用数据驱动业务的运营、战略的制定和创新的产生，是任何一个组织在未来数字化生存最核心的工作。

今天我们讲数字化转型也好，讲数据驱动也罢，其实更加强调任何一个组织的运营模式在5G时代都将发生根本性的变化，所有的变化都离不开“数据基因”，否则就会因水土不服而无法生存。从这个层面来看“数据体检”，不能再理解为仅仅是从数据技术的层面对组织“拥有”的数据资源做检查和评价，而是衡量组织在日益高度数字化的世界里面体质是否“健康”。

自然生命的身体拥有强大的自我调节能力和适应力，组织生命明显没有这种自我适应力，所以如果组织希望能在数字化的世界里生存下去，不断地通过“数据体检”来培养“数据基因”是必需的。组织为什么要做数据体检呢？结合5G时代对组织数字化转型的要求，这里笔者将从以下几个方面给出具体的解释：

首先还是组织运营管理的思维问题。对于任何一个组织，必然是以组织成员共同努力完成一些组织任务而形成的。所谓的管理，本质上就是组织各项要素（人、财、物等）形成一致行动，实现一定组织目标的过程。在这个过程中，最关键的就是决策。管理大师赫伯特·亚历山大·西蒙（Herbert A.Simon）就明确指出："管理就是决策。"而决策就要知己知彼了，决策所依赖的信息环境对于决策的正确与否和质量高低有非常大的关系。现代的组织内部关系非常复杂，靠人与人之间口耳相传，信息传递和传播不完整不对称则是常态了。这种情况下，管理者对于组织的情况要及时了解并全面掌握是非常困难的，以至于个人经验和意志就成为很多管理者的思维习惯了。习主席前几年就非常形象地描绘过这样的三拍干部：做决定拍脑袋，对上级拍胸脯，搞不定拍屁股。这种任性决策的试错后果就让组织来埋单了。经过第三次工业革命以来的40多年时间，没有数据支撑的组织决策是不合时宜的已经成为全球共识。让数据说话，说起来简单，但到了很多组织当权人手上，要不折不扣地执行就很难了，归根结底还是思想认识的问题。

其次是当前组织关系重构的问题。2016年7月27日，中共中央办公厅、国务院办公厅印发《国家信息化发展战略纲要》明确指出，当前人类社会“正在经历信息革命”，“没有信息化就没有现代化”，要“以信息化驱动现代化”。而当前以互联网为代表的信息革命，改变了人们思考社会的知识范畴、治理社会的行为方式和模式，塑造着人类社会生活新的空间和秩序。“数字化”在当下已不再仅仅是一个概念，而是现实世界的真实存在。数字化、网络化动摇了以固定空间、相对集权为基础的国家或组织的根基，进而越来越成为人们社会生活的一种常态，以至于人、人性本身以及人与人之间的社会关系都在经历数字化洗礼、网络化重塑、分权化再造，乃至连带我们的政府形态和社会治理模式也将步入新的历史阶段。笔者之前已经多次论证，今天的大数据资源不仅仅是生产力要素，还是新生产关系的温床和载体，大数据已经事实上取代人成为生产力中最革命、最活跃的因素。从全社会角度看，是大数据革命；在组织角度；就是数字化转型。数字化转型对组织来说是脱胎换骨，那自然要更换组织基因。所有组织数字化转型的出发点，都离不开“数据基因”的形成和依此对组织的彻底改造。基因作为遗传信息，必须是全息的，可以指导所有的组织结构和组织行为，这是今天做组织数据管理工作的本质。

最后涉及数据治理，就是如何解决今天组织所面对的林林总总的数据问题。这些数据问题已经越来越成为组织生存和发展的绊脚石了，不把这些数据问题解决掉，组织在新时代的数字化转型就无法成功，可这些问题的病根本质上是组织没有“数据基因”已经适应不了“5G+”时代新环境的生存需要了。现在很多组织或主动或被动地做了不少信息化工作，满足了一些急迫的数据应用需求，可是那种“头痛医头，脚痛医脚”的数据管理方式，已经不能治组织的“基因病”了。先全面检查和把脉了解一下组织数据基因的问题，才能有效地避免组织数字化转型的迷茫和风险。

所以，从这三方面分析我们可以看到，数据体检对于当下所有的组织都是必需的。这和对人的健康体检有类似的地方，组织在“5G+”时代的数字化生存当然需要有健康的数据体格，评价一下现在组织的数据体格够不够健康，当然要全面检查一下。不太一样的地方是，人体基因是稳定的，健康也有明确的参考标准，而组织的数据基因还要不断补充，数据体检更多是识别组织的数据管理工作的薄弱环节，明确组织数据管理工作的提升和发展方向，给数据治理工作提供基础和输入。

从这个层面看，我们可以比较直观地理解数据体检和数据治理的关系。数据体检是客观理解和评价组织数据体格现状，在这个基础上明确健身方向；而数据治理就是具体的健身行动了。组织现在所处的数据环境是易变、不确定、复杂、模糊的，数据治理要解决的问题很复杂，对于组织数据体格的治疗和调理，要治心（文化与基因）、治脑（决策与管控）、治手（管理与控制）、治脚（实施与执行）多管齐下。这是非常复杂的系统性工程，是需要持续用力、久久为功的，任何大而化之、急功近利的做法都无法真正解决结构性的组织数据问题。而数据体检工作就不仅仅是评价现状这么简单，还要以评促学、以评促用、以评促通、以评促创，归根结底还是为了推动组织的数字化转型，发挥“数据基因”作用，这样才能为后续的全面数据治理工作奠定好组织基础。

当然，仅仅做数据管理成熟度评价也并不能真正地解决组织各种数据问题，关键还是要组织转化成一系列行之有效的行动。今天如果我们仅仅还是停留在技术的层面来理解数据治理工作，毫无疑问是片面和错误的。在“5G+”时代，数据的采集、加工和应用无所不在，我们每个人都是数据的生产者和消费者。数据包含了事实，因此，数据治理本质上就是如何让人的思想、决策与行为所形成的数据更加符合客观实际的要求，这毫无疑问不是一个仅仅在技术层面能解决的问题。

更进一步，“5G+”时代是一个让人工智能变成自来水供应的时代，大数据是人工智能技术研发、训练的关键，是人工智能长期发展的重要保障。只有当人工智能系统能够获取更为准确、及时、一致的高质量数据，才能提供更有效、有用、精准性高的智能化服务。数据治理是人工智能的基础，“5G+”时代数据治理的主要目的之一很可能是为人工智能提供高质量的大数据“燃料”，而人工智能本身就是燃烧大数据而炼金的一种商业模式。如果说人工智能是机智过人的技术活，那么数据治理更强调的是人类社会中每个组织和个人都要修炼内功，才能确保我们给人工智能所灌输的是能造福人类社会的正确信念。

后记

5G时代的展望

虽然5G已经搅动得全世界沸沸扬扬，短短的一年多时间内世界各大国围绕5G粉墨登场，演出了很多博弈大戏，但严格来说，现在还只是5G时代的前夜。然而，我们每一个人都可以明显地感觉到，5G时代必定非同凡响，我们没有人可以置身事外。

回顾历史，人类所发明的各种革命性的科技成果曾多次推动了人类文明的巨大进步，而我们分析这些巨大进步的背后，恰恰是这些科技解决了当时阻碍文明发展进步的那些问题，从而让人民的生产、生活水平能得到显著的提升。人类社会一直存在这样或那样的不完美，而这些科技成果的最大意义，不仅仅在于给人类生活提供某些方面的便利或者助力，更是在于激发了人们对未来美好生活更加强烈的愿望和信心。如果说5G是人类又一次伟大的科技发明，我们在5G时代的前夜，可以从这个历史规律的总结中展望这个即将到来的时代，从而看到并且相信那些激动人心的场景。

生命本质上就是自然进化而成的一种信号处理活动，而人类在自然生命第一信号系统的基础上，以语言和符号为信息中介进化出特有的第二信号系统，成为以对宇宙自然规律的认知作为行为指导的社会化群体，从而使得信息从生命的本能上升成为文明的动力。认知能力是人类一切科技成果的基础，而数字化信息技术的发明和发展，恰恰就是要解决影响人类认知能力进步的各种问题和障碍。

根植于电子计算机的人工智能技术，在数字化技术和大数据的帮助下，出乎意料地解决了很多困扰人类多年的认知问题，大大突破了人类思维的局限，将在越来越多的领域涌现出让人意想不到的精彩。可能很多人对于人工智能的威力还或多或少存在各种恐慌的情绪，害怕人工智能最终会发展成为淘汰人类的终极杀手，虽然的确会存在这种可能，然而我们也应该认识到，人工智能归根结底还是人类文明社会整体智慧财富的一部分，本质上也是人类智能的一种表现形式。

我们想深一层，其实任何人的思维能力都是很有限的，只有通过各种社会关系组合成某种群体，才能发挥出超常智慧的能量。人工智能是以数字化的形式更高效地实现对各种人类知识财富和认知能力的聚合，从而裂变出巨大的能量。人工智能应用就像鱼一样离不开大数据的水，而大规模数据的自由流动，也离不开大容量通信网络技术的支持。4G时代的数据量再大，也仅仅涵盖了人与人思维沟通的各种资讯，而人类要通过人工智能技术更深入认知更大范围的万事万物，所需要的数据量规模还要以亿万倍的指数增长。5G虽然只是一种移动通信技术，但5G恰恰是处在人类认知革命的重大历史关口的关键性技术，满足了人类智能与人工智能融合发展的需求。

通过5G技术，我们可以看到人类社会两个鲜明的认知发展方向：宏观上更互联互通的群体智慧和微观上更差异化的认知能力。

首先是在宏观层面，现在人类社会已经明显地步入了一个更加强调全人类命运共同体的群体智慧时代，各种文化在数字化面前表现出了前所未有的思想聚合和交融。数字化技术让知识的表达和运用能越来越客观化，虽然各种文化还是有自己独特的情感、态度和价值观，但在全人类所面对的共同命题面前，数字化成为一种刚性的世界语，是人类社会发展的大势所趋。所以，全球各国都面临着如何让本国文化在全球数字化语言和人工智能体系中拥有更多的定义权，从而让本国文化和意识形态在未来有更大的话语权。现在世界各大国对5G标准的竞争表面上是科技较量，背后还是国家战略利益和文化影响力的博弈。

其次是在微观层面，数字化越来越精细化，越来越要见微知著，各种大数据应用和人工智能技术的解决方案越来越需要因地制宜和差异化的认知能力。为了让人工智能的大脑有更多、更好的灵感，我们需要通过5G布置的反而是更多的神经末梢。万物互联，说白了还是为了更好地采集到我们人工智能应用所需要的各种大数据，让数据说实话，才真能机智过人。

最后，对于我们每个人来说，5G代表了更泛在智能化的新时代，5G给我们创造了机遇，也带来了挑战。在新时代能不能与无所不在的人工智能共同成长对于我们的前途至关重要，人工智能的强项是对大数据的深度学习，但人工智能并不能替代人类创造性的思维和探索工作，人类可以通过人工智能更好地在做中学、在学中创，从而以前所未有的速度创造出更多、更大的新价值。

因为我们相信5G，它是人类进步的重要标志。所以我们应该可以看到这样的5G时代会比今天更美好。